J. G. Fischer

Die Familie der Seeschlangen systematisch beschrieben

unikum

J. G. Fischer

Die Familie der Seeschlangen systematisch beschrieben

ISBN/EAN: 9783845744308
Erscheinungsjahr: 2012
Erscheinungsort: Bremen, Deutschland

www.unikum-verlag.de | office@unikum-verlag.de

J. G. Fischer

Die Familie der Seeschlangen systematisch beschrieben

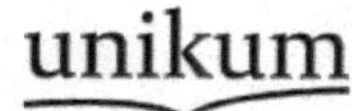

Die

Familie der Seeschlangen

systematisch beschrieben

von

J. G. Fischer Dr.

ordentl. Lehrer an der Realschule des Johanneums in Hamburg.

(Erschienen als Michaelisprogramm der hamburgischen Realschule. Abgedruckt in dem dritten Bande der Abhandlungen des Naturwissenschaftlichen Vereins in Hamburg.)

Hamburg.

Druck von Johann August Meissner.

1855.

Vorwort.

In die grenzenlose Verwirrung, welche lange Zeit in der Systematik der Meerschlangen geherrscht hatte, ward zuerst im Jahre 1837 durch Schlegel Ordnung gebracht. Nur dem Scharfblick eines so ausgezeichneten Forschers und nur durch Vergleichung eines so reichen Materials, wie die Leydener Sammlung es besitzt, war es möglich, jenes Chaos zu lichten. In seinem *Essai sur la physionomie des Serpens* gab Schlegel vortreffliche Beschreibungen der sieben damals bekannten hauptsächlichsten Arten; durch scharfsinnige Kritik ordnete er die äusserst verwickelte Synonymie und wies mehre auf mangelhaften Abbildungen Russel's und Lacépède's beruhende, fingirte Arten zurück.

Seit jener Zeit ist die Zahl der bekannten Meerschlangen durch manche neue Arten vermehrt worden. Gleichzeitig mit Schlegel's *Essai* (1837) erschien [1]) von Tschudy's Beschreibung und Abbildung seiner *Stephanohydra fusca* (unserem *Aipysurus fuscus*); Schlegel selbst bildete bald darauf eine neue *Hydrophis (H. hybrida)* ab [2]). Herr Dr. P. Schmidt, damals Mitarbeiter am naturhistorischen Museum zu Hamburg, publicirte in den Jahren 1846 — 52 Beschreibungen und sehr gelungene, von Herrn Dr. Röding verfertigte Abbil-

1) Wiegmann's Archiv, 3ter Jahrgang, S. 331.

2) Abbildungen neuer oder unvollständig bekannter Amphibien. Düsseldorf 1837—44.

dungen von acht Arten Wasserschlangen[1]), von denen jedoch vier nicht als neu zu betrachten sind. Duméril endlich führte 1854 im siebenten Bande seiner *Erpétologie générale* wiederum einige neue Arten auf, und ich selbst glaube neuerdings unter den Meerschlangen unserer Sammlung zwei neue Arten *(Hydrophis pachycercus, H. annulata)* und mehre, eine Beschreibung erheischende, ständige Varietäten schon bekannter Arten aufgefunden zu haben.

Durch die so seit Schlegel's *Essai* um mehr als das Doppelte angewachsene Zahl der Arten ist eine Revision der ganzen Familie der Meerschlangen ein Bedürfniss geworden. Und dies um so mehr, als Duméril's *Erpétologie* gerade in diesem Abschnitt ein so unzuverlässiger Führer ist.

Durch besondere Umstände ward gerade mir die Veranlassung zu einer solchen Revision dieser Familie nahe gelegt. Einige der von Herrn Dr. Schmidt, meinem Vorgänger, aufgestellten neuen Arten sind nämlich von Duméril ohne allen Grund und ohne Berücksichtigung der guten Abbildungen Röding's eingezogen und mit solchen Arten verschmolzen worden, mit denen sie durchaus nur Familien- oder Gattungs-Verwandtschaft haben. Als jetzigem Verwalter des herpetologischen Theils unseres Museums lag mir daher nicht nur meinem Vorgänger, sondern selbst der Wissenschaft gegenüber gewissermassen die Verpflichtung ob, diejenigen Arten, die sich durch wirklich wesentliche Charaktere als sogenannte „gute Arten“ auszeichnen, vor der Vergessenheit zu retten.

Der Wunsch, bei dieser Gelegenheit auch die übrigen Arten, so wie deren neueste Behandlung durch Duméril einer Kritik zu unterziehen, knüpfte sich unmittelbar an jene Verpflichtung; er hätte gleichwohl, trotz des nicht unbedeutenden Reichthums unseres Museums an Wasserschlangen, unerfüllt bleiben müssen ohne die Unterstützung des Herrn Geheimenrathes Professor Lichtenstein in Berlin. Mit der grössten Liberalität stellte mir dieser ausgezeichnete Förderer wissenschaftlicher Untersuchungen sämmtliche Seeschlangen des unter

1) Abhandlungen aus dem Gebiete der Naturwissenschaften, herausgeg. vom Naturwissenschaftl. Vereine zu Hamburg, Band I, 1846, und Band II, 2te Abtheilung, 1852.

Seiner Leitung stehenden Königl. Zoologischen Museums zur Verfügung und sandte mir dieselben behufs einer genaueren Vergleichung hieher. Zu gleichem Dank bin ich für die Uebersendung werthvoller Reise- und Kupfer-Werke sowohl Sr. Durchlaucht dem Prinzen Maximilian von Wied zu Neuwied, als auch der Direction der Königl. Bibliothek zu Berlin und dem Herrn Professor Dr. Eschricht in Copenhagen verpflichtet.

Bei der Behandlung meines Gegenstandes habe ich mich auf die systematische Seite beschränkt, die anatomische Untersuchung für eine spätere Arbeit mir vorbehaltend. In Bezug auf die eigentliche Naturgeschichte dieser interessanten Seethiere muss ich auf die von Schlegel und Duméril zusammengestellten Entdeckungen von Russel[1]), Cantor[2]), von Siebold[3]), Lesson[4]), Péron[5]), Reinwardt u. A. verweisen. Denn so viele und schöne Seeschlangen unser Museum auch der Güte hamburgischer Schiffscapitaine und patriotischer Privatleute verdankt, so wurden uns doch über deren Nahrung, deren Fortpflanzung, über die Wirkung ihres Bisses etc. nur wenig neue Mittheilungen gemacht.

---

1) *An account of Indian Serpents.* Vol. I & II, London 1796 & 1801.

2) *On Pelagic Serpents. Transactions of the Zoological Society II,* London 1841.

3) Nach Mittheilungen von Schlegel in dessen *Essai*, Pag. 493.

4) *Observations générales sur les Reptiles observés dans le voyage autour du monde de la corvette la Coquille.* Paris 1828.

5) *Voyage de découvertes aux terres Australes etc.* Paris 1824—25.

Inhalt.

Erster Theil. Die zoologischen Charaktere der Seeschlangen.

Zweiter Theil. Systematische Beschreibung der Seeschlangen.

Erster Theil.

Die zoologischen Charaktere der Seeschlangen.

---

1. Allgemeine Körperform.

Wie jedes Element seinen Bewohnern einen eigenthümlichen Typus aufprägt, nämlich denjenigen, der sie vorzugsweise zur Fortbewegung und zum Leben in diesem Elemente befähigt, so zeigen auch alle Meerschlangen einen Bau, der ein kräftiges Rudern und ein schnelles Durchschneiden des Wassers in gleicher Weise erleichtert. Der Körper aller Meerschlangen ist seitlich zusammengedrückt, eine Form, die sich in angenähert ähnlicher Weise nur bei einigen Baumschlangen (*Imantodes* Dum. und einigen ächten *Dipsas*-Arten) wiederfindet; diesen macht der bandartig platte Körper ein leichteres Umschlingen der Zweige möglich; bei den Seeschlangen wird durch die noch stärkere Abplattung die Gelenkigkeit in seitlicher Richtung verstärkt und so die Fähigkeit erhöht, durch seitliche Schläge zu schwimmen. Bei den meisten übersteigt die grösste Höhe des Körpers seinen an demselben Punkt gemessenen Quer-Durchmesser um das Doppelte. Nur bei wenigen *(Platurus, Aipysurus, Hydrophis anomala)* verhält sich jener zu diesem ungefähr wie 7 : 5 (vgl. die weiter unten im descriptiven Theil gegebenen Maasse). Die zusammengedrückte Form beginnt jedoch nie gleich hinter dem Kopfe. Der Anfang des Rumpfes, den man auch wohl, obgleich unrichtig, als Hals bezeichnen könnte, ist walzenförmig; bei den robusteren Formen *(H. anomala, schizopholis, pelamidoides; Platurus; Aipysurus)* auf kürzere, bei den schlankeren *(H. gracilis, microcephala, striata, Schlegelii)* auf längere Strecke. Meist ist die Höhe am Halse, nahe am Kopfe, die Hälfte der grössten Rumpfhöhe; nur bei einigen, durch ungemeine Schlankheit des Vorderleibes ausgezeichneten Arten sinkt erstere bis auf ⅓ oder selbst ¼ der letzteren herab. *(H. gracilis, H. microcephala).* — Ganz allmählich nimmt bei den Meerschlangen die Stärke des

Körpers und zugleich dessen seitliche Abplattung zu, so dass, namentlich bei den schlankeren Arten, der grösste Höhendurchmesser am letzten Drittheil liegt. Nur bei denjenigen, deren Abplattung überhaupt geringer ist, wird derselbe schon in der Mitte der Körperlänge gefunden.

Betrachtet man einen Querschnitt, so liegt fast ohne Ausnahme *(Platurus; Aipysurus)* der grösste Querdurchmesser am oberen Drittheil, in dem sich der Rumpf messerähnlich nach der Bauchseite herab zuschärft. Bei einigen Arten wird diese Zuschärfung durch eine deutliche Bauchkante, der sogar zuweilen eine wirkliche Rückenkante gegenüberliegt, gehoben. Letztere jedoch, die von einigen Autoren als Artcharakter benutzt wird, scheint nicht bei allen Exemplaren derselben Art constant, vielmehr von dem Alter so wie von einer mehr oder minder reichlichen Ernährung abhängig zu sein. Vollkommen scharf, so dass eine, nur von einer einzigen Schuppenreihe gedeckte Kante sich längs des ganzen Rückens verfolgen lässt, finde ich diesen Charakter nur bei alten Exemplaren von *H. Schlegelii* (junge Thiere zeigen auch bei dieser Art einen abgerundeten Rücken) und bei *H. Pelamis alternans;* bei anderen *(H. striata, H. schistosa)* ist die Kante nur an einigen Stellen scharf vortretend, während sie an anderen Partieen mehr abgerundet erscheint.

Sehr auffallend wird der Körper der Meerschlangen durch seine grosse Neigung zu spiraliger Eindrehung, welche bei den robusteren Arten *(Aipysurus, Platurus; H. anomala; H. pelamidoides)* weniger, bei den schlankeren und namentlich den stark zusammengedrückten Formen sehr scharf hervortritt *(H. Schlegelii, schistosa, doliata, microcephala, gracilis, striata, nigrocincta)*. Aus letzterem Grunde, weil dies Merkmal so vielen Arten zukommt, ist es unzulässig, eine Art darauf zu gründen, und die *Hydrophis spiralis* Shaw, welche Schlegel sehr richtig als Varietät von *H. nigrocincta* darstellt (*Essai* Pag. 506), muss um so mehr eingezogen werden, als aus Duméril's flüchtiger und mangelhafter Beschreibung eher ihre Identität mit jener, als ihre Verschiedenheit dargethan wird (vgl. unten die Synonymie von *H. nigrocincta*). Diese Neigung zu spiraliger Eindrehung, die auch bei Weingeistexemplaren Nichts von ihrer Stärke einbüsst, beruht darauf, dass die Bauchkante beträchtlich kürzer ist, als die Rückenkante [1]). Wozu sie der Schlange diene, ist nicht wohl zu errathen, und würde sich nur aus der Beobachtung lebender Seeschlangen ermitteln lassen.

---

1) Bei einem starken, sehr wohl erhaltenen Exemplar von *Hydrophis schizopholis* Schmidt, bei dem allerdings diese Eindrehung sehr bedeutend, und die Körperhöhe sehr beträchtlich ist, ergiebt die Messung längs der Rückenkante eine Länge von 1^m, 196, längs der Bauchkante von 0^m, 795, was eine Differenz von 4 Decimetern, also $1/3$ der Totallänge beträgt.

Der Kopf ist selten merklich abgesetzt vom Halse[1]). Seine Form variirt bei den verschiedenen Arten, ist aber bei allen Exemplaren derselben Art ohne Rücksicht auf das Alter, constant dieselbe, und daher sehr gut als Artcharakter zu gebrauchen[2]). Die hintere Grenze des eigentlichen Kopfes ist, da derselbe vom Halse nicht abgesetzt erscheint, nie genau durch das Gefühl zu ermitteln. Mit seiner Länge geht aber die Ausdehnung der Kopfschilder parallel, obgleich diese nicht den ganzen Schädel bedecken. Da nun von der Breite des Kopfes auch die Ausdehnung des Interorbitalraums abhängt, sofern die Augen stets an der Grenze von Stirnfläche und Seitenfläche stehen, so lässt sich das Verhältniss des letzteren zum ersteren recht gut als Artcharakter benutzen, zumal wenn die Maasse nur, wie es überall geschehen sollte, von ausgewachsenen Exemplaren genommen werden. Bei den meisten findet man dies Verhältniss = 2 : 1, bei einigen Arten mit sehr langgestrecktem Kopfe *(H. striata)* = 3 : 1 oder gar $3\frac{1}{2}$: 1; bei breitköpfigen Seeschlangen = 7 : 4 *(Hydr. schizopholis* Schmidt, richtiger = 28 : 17).

Die Schnautze ist bei einigen Arten abgerundet, fast kuppenförmig *(H. schistosa)*, bei anderen vorn schräge abfallend, fast schneidend *(H. microcephala, H. striata)*, und in diesem Falle über den Unterkiefer stark vorragend. — Selten nur *(Platurus fasciatus, Hydrophis Schlegelii, Astrotia schizopholis)* ist die Orbitalfläche von der Stirnfläche durch eine abgerundete Kante deutlich abgesetzt, was eine vollkommen seitliche Lage der Augen und eine fast pyramidale Gestalt des Kopfes zur Folge hat. Meist geht die Stirnfläche durch ganz allmähliche Abrundung in die Seitenfläche über, wodurch die, zwar immer seitlich gestellten Augen doch ein Wenig nach oben gerichtet erscheinen. Dadurch erhält das Thier eine eigenthümliche Physiognomie, die noch mehr durch die bei allen Hydrophiden (mit Ausnahme von *Platurus)* nicht seitlich sondern ganz vertikal in grossen Nasalschildern liegenden Nasenlöcher gehoben wird. Beide Eigenthümlichkeiten hängen unverkennbar mit dem Wasserleben zusammen; sie sind eine Wiederholung der bei allen luftathmenden Wasserwirbelthieren (Wale, Nilpferd) herrschenden Bildung, durch welche die Möglichkeit gegeben wird, die Sinnes-

---

1) Nur bei unserem Exemplar von *Hydrophis doliata* erscheint letzterer am Halse etwas eingezogen, was aber sehr wohl die Folge einer mangelhaften Ernährung sein kann, da grade dies Exemplar eine sehr schlaffe Haut besitzt. Mit Unrecht ist daher wohl diese Form von Schmidt als Artcharakter *(Thalassophis viperina)* benutzt worden.

2) Nur muss hierbei natürlich von denjenigen Bildungen und Verschiebungen abgesehen werden, die bei der grossen Schlaffheit der Ligamente der Kieferregion häufiger bei Seeschlangen als bei anderen durch Druck, in Folge einer engen Verpackung entstehen. Namentlich der Kopf von *H. pelamidoides* scheint solchen Verschiebungen ausgesetzt zu sein, und es gehört bei alten Weingeistexemplaren dieser Art immer erst einige Aufmerksamkeit dazu, um die einzelnen Regionen in ihre richtige Lage zu bringen.

organe in Thätigkeit zu setzen, ohne mehr als die äusserste Stirn- und Schnautzen-Fläche den, vielleicht feindlichen, Einflüssen der Aussenwelt preiszugeben.

Die Form des Schwanzes der Meerschlangen ist so charakteristisch und zeigt eine mit dem von ihnen bewohnten Element so innig verknüpfte Bildung, dass dieselbe von einigen Forschern als Bezeichnung für die ganze Familie gewählt werden konnte. Er ist sichelförmig, stark seitlich zusammengedrückt, mit scharfer oberer, und meist auch unterer Kante. In seiner Form befolgen auch die Wasserschlangen das allgemein gültige Gesetz, dass überall, wo bei kaltblütigen Wirbelthieren der Schwanz als Steuer- oder Ruderorgan verwandt wird, (allen Fischen, unter den Amphibien den Molchen, Krokodilen etc.) eine seitliche Zusammendrückung statt findet, während er bei warmblütigen Thieren (allen Vögeln, unter den Säugethieren den Walen) durch eine horizontale Stellung zum Ruderorgan wird.

Der Schwanz der Wasserschlangen ist relativ kürzer als bei den Landschlangen, wenn auch nicht so kurz als bei den eigentlichen Erdschlangen *(Typhlopini)*, wo dies Organ kaum noch zur Bewegung benutzt wird. Er erreicht höchsten 1/8 der Körperlänge, bei einigen nur 1/10 und selbst 1/13 [1]), doch wechselt seine Länge sehr nach den Individuen und scheint selbst das Alter keinen Einfluss auf seine relative Länge zu haben. Auch das Verhältniss seiner Höhe zu seiner Länge ist sehr verschieden, meist 1 : 4, seltener 1 : 3; noch seltener aber 1 : 5 oder 1 : 6 *(Hydr. schistosa α* und *β*; *H. doliata)*. Am Grunde ist meist seine Dicke in Vergleich zu seiner Höhe am beträchtlichsten (in der Regel = 1 : 2) und plattet sich nach hinten allmählich ab, so dass er in der Mitte höchstens 1/3 — 1/4 seiner Höhe hat. Eine Ausnahme hievon bildet *H. gracilis*, wo die Abplattung viel unmerklicher erfolgt und seine Dicke in der Mitte nur wenig geringer ist, als am Grunde. Noch auffallender ist seine Form bei einer neuen Art des hamburgischen Museums [2]); hier ist der Schwanz am Grunde viel schmäler als an der Mitte. (Das Verhältniss seiner Dicke zu seiner grössten Höhe ist am Grunde = 1 : 3, in der Mitte = 1 : 2, wodurch der Schwanz dieser Art ein fleischiges, angeschwollenes Ansehn erhält). Der Rücken des Schwanzes ist allgemein durch eine einzige Reihe dachförmiger Schuppen gedeckt, während an seiner Bauchkante, wenigstens anfangs, oft mehre Schuppenreihen unregelmässig durch einander laufen. Das Ende wird durch eine grosse, seitlich abgeplattete, schneidende Schuppe gebildet, deren scharfe Spitze jedoch meist nur bei jüngeren Exemplaren vorhanden ist.

---

1) Vgl. die weiter unten bei *H. anomala* und *H. microcephala* angegebenen Maasse.

2) Nach dieser Eigenthümlichkeit habe ich diese Schlange, die übrigens auch durch andere Charaktere hinreichend scharf unterschieden ist, *Hydrophis pachycercus* genannt.

2. Kopfschilder.

Die Entwickelung der Kopfschilder aller Meerschlangen entspricht vollkommen den Charakteren, die Schlegel für seine *„Serpens vénimeux colubriformes“* (*Proteroglyphes* Duméril) aufgestellt hat. Eine Reduction derselben auf blosse Schuppen, wie bei den Vipern und Klapperschlangen, wird niemals beobachtet, höchstens dass sie durch vielfache Spaltung (*Stephanohydra fusca* Tschudy; *Acalyptus superciliosus* Duméril) eine Form annehmen, die entfernt an diejenige mancher Pythonen (*Morelia, Liasis, Enygrus, Eunectes*) erinnert. Ihre Zahl ist bei den verschiedenen Arten und Gattungen ziemlich dieselbe. Es finden sich fast immer folgende Schilder[1]): ein Rostralschild; ein Paar Nasalschilder; ein Paar Praefrontalschilder; ein Frontalschild; ein Paar Parietalschilder; ein Paar Supraocularschilder (*surciliaires* Schleg. Dum.); ein Paar Praeocularschilder; 1—2 Paar Postocularschilder. — Ein Frenalschild fehlt beständig, ebenso (mit Ausnahme von *Platurus*) die Internasalschilder[2]). Der Unterkiefer trägt vorn ein Kinnschild, hinter welchem eine kurze, jedoch meist deutliche, von zwei Paaren symmetrischer Schilder begrenzte Kehlfurche vorhanden ist. Nur bei *Hydrophis Pelamis, H. schistosa* und *H. pelamidoides* fehlt dieser letztere Charakter.

Auch die Form der Kopfschilder ist im Allgemeinen ziemlich übereinstimmend. Das Rostralschild ist meist ebenso breit oder breiter als hoch (nur bei *H. schistosa* sehr schmal und lang), und trägt an seinem vorderen unteren Rande drei Vorsprünge, welche zwischen sich zwei tiefe Ausschnitte begrenzen. Von diesen drei Vorsprüngen ist gewöhnlich der mittelste der grösste, bei *H. schistosa* sogar in dem Grade, dass die zwei seitlichen, mithin auch die von diesen seitlich begrenzten Ausschnitte kaum sichtbar sind. Bei *H. pelamidoides* sind alle drei fast gleich gross und reichen gleich tief herab. Immer greift der mittelste dieser Vorsprünge in eine ihm entsprechende Vertiefung des Kinnschildes ein. — Während also das Rostralschild der übrigen Schlangen meist eine mittlere Vertiefung an seiner unteren Fläche zeigt zum Durchgang der Zunge, sind hier deren zwei, mithin für jede Hälfte der gespaltenen Zunge einer, vorhanden,

---

1) Wir folgen hier und überall in dieser Schrift den Benennungen Duméril's, der statt der Schlegel'schen Namen meistens folgende gebraucht: Frontalschild Dum. = Verticalschild Schleg.; Parietalschilder Dum. = Occipitalschilder Schleg.; Internasalschilder Dum. = Vordere Frontalschilder Schleg.; Praefrontalschilder Dum. = Hintere Frontalschilder Schleg.; die übrigen Benennungen sind bei beiden Autoren gleichbedeutend.

2) Deren abnorme Anwesenheit bei *H. anomala* auf einer Spaltung der Nasalschilder beruht, also nicht, wie es von Schmidt geschehen, als Artcharakter benutzt werden darf. Vergl. die Charakteristik dieser Art im descriptiven Theil dieser Schrift.

eine charakteristische Eigenthümlichkeit der Meerschlangen, die ihrer viel kürzeren, nach dem Tode nie aus ihrer Scheide hervorragenden Zunge entspricht.

Die das Rostralschild von oben und hinten begrenzenden Nasalschilder sind nur bei *Platurus* durch deutliche Internasalschilder getrennt und seitlich gelegen. Bei allen anderen Meerschlangen grenzen sie in einer graden Linie an einander und zeigen sowohl hierin, als in ihrer ganz vertikalen Lage und ihrer beträchtlicheren Entwickelung eine bezeichnende Abweichung von den übrigen Schlangen. Sie sind länger als breit (2 : 1 oder 1½ : 1) mit alleiniger Ausnahme von *Platurus* und *Aipysurus*, wo sie ebenso breit als lang sind. — Die kreisrunden, nahe an ihrem äusseren hinteren Winkel liegenden Naslöcher erhalten durch die Lage jener ebenfalls eine vertikale Stellung, die, wie oben bemerkt, mit dem Elemente dieser Schlangen innig zusammenhängt. — Der hintere Rand der Nasalschilder ist dem vorderen parallel und stösst an das Praefrontalschild derselben Seite, seltener, und vielleicht nur als individuelle Ausnahme, auch an das Praeocularschild, indem das Praefrontalschild sich gewöhnlich zwischen das letztere und das Nasalschild bis auf das zweite Oberlippenschild herabbiegt [1]).

Die Praefrontalschilder haben eine fünfeckige Form mit parallelen Seitenrändern; der vordere Rand ist grade, die beiden hinteren stossen unter einem nach vorn offenen Winkel zusammen, der sich in den vom Frontal- und Supraocularschilde gebildeten Winkel legt. — Verschiedenartige Theilungen der Praefrontalschilder in mehre kleine Schildchen wurden nur bei *Aipysurus*, hier aber bei jeder der drei Arten beobachtet; sie sind indessen wahrscheinlich nur individuelle Abweichungen.

Das Frontalschild ist in der Regel sechseckig; wo eine Abrundung seiner Ecken, oder durch Verschmälerung einzelner Kanten eine rhombische Form entsteht, hat dies niemals den Werth eines constanten Artcharakters [2]). Nur an einem Exemplar einer Meerschlange ward von Duméril das Frontalschild ganz vermisst (*Acalyptus superciliosus*), doch scheint es bei der grossen Neigung der Wasserschlangen zu individuellen Abweichungen in der Form der Kopfschilder, sehr gewagt, diesen Mangel als Art-, oder gar, wie es von Duméril geschehen, als Gattungscharakter zu benutzen.

---

1) Ein Zusammentreffen des Nasalschildes mit dem Praeocularschilde ward beobachtet: Unter zehn Exemplaren von *H. pelamidoides* einmal (bei dem Exemplare γ unserer Sammlung); bei *H. schizopholis* einmal; bei *H. doliata* einmal.

2) Ich beobachtete solche Abweichungen nur an älteren Exemplaren von *H. striata*, *H. pelamidoides*, *H. schistosa*.

Die Parietalschilder weichen in ihrer Form nicht wesentlich von derjenigen der übrigen Schlangen ab. Abnorme Theilungen wurden auch hier bei *Aipysurus* (und *Acalyptus* Dum.) häufig beobachtet.

Von den das Auge begrenzenden Schildern scheint das Vorkommen eines einzelnen Praeocularschildes jederseits constant zu sein. An Postocularschildern werden entweder ein einziges (*H. nigrocincta, H. pelamidoides*) oder zwei (*H. striata, doliata, Schlegelii, anomala, pachycercus* u. A.) beobachtet, doch ist letzere Zahl wohl ebenso wenig immer als constanter Artcharakter zu betrachten, wie die zuweilen vorkommende Theilung der Supraocularschilder. Von Tschudy (*Stephanohydra fusca*) und Duméril (*Acalyptus*) wurden auf solche Theilungen besondere Gattungen gegründet.

Unter den Oberlippenschildern ist in der Regel das zweite das höchste, da es zugleich den Raum des allgemein fehlenden Frenalschildes einnimmt. Mit wenigen oben erwähnten Ausnahmen stösst es an das Praefrontalschild, und trennt so das Praeocular- von dem Nasalschilde. Das Auge wird meist vom dritten und vierten Oberlippenschilde unterhalb begrenzt (*H. schistosa, nigrocincta, gracilis, microcephala, pelamidoides, Schlegelii* u. A.), doch hat das dritte in der Regel nur sehr geringen Theil an dieser Berührung. Bei *H. striata* und *H. schizopholis* begrenzen das dritte, vierte und fünfte Schild den unteren Rand des Auges, bei *H. doliata* nur das vierte. In der Regel liegen zwischen den übrigen Oberlippenschildern und dem äusseren Rand des Parietalschildes eine oder mehre Temporalschilder. Bei *H. schistosa* stösst dagegen das sechste Schild an das Parietalschild, wird jedoch selbst von einem kleinen accessorischen Oberlippenschilde getragen, daher es auch selbst als eine grosse Temporalschuppe gedeutet werden könnte. — Von den den Unterkiefer bedeckenden Schildern ist nur die Form des Kinnschildes zuweilen charakteristisch und als Artmerkmal zu benutzen. Gewöhnlich ist dasselbe ein gleichschenkliges oder gleichseitiges Dreieck, und kürzer als das daran liegende erste Paar Unterlippenschilder, welche dahinter an der Kehlfurche zusammenstossen. Bei *H. schistosa* dagegen ist es sehr lang und schmal, und reicht so weit nach hinten, dass die ersten Unterlippenschilder dadurch vollständig getrennt gehalten werden. Hier giebt es dann auch keine, von symmetrischen Kehlfurchenschildern begrenzte Kehlfurche, ein Mangel, der auch bei den Arten *Hydrophis pelamis*, und *H. pelamidoides* beobachtet wird, wo jedoch das erste Paar Unterlippenschilder hinter dem Kinnschilde zusammenstösst.

Im Allgemeinen sind die Kopfschilder der Hydrophiden wenig geeignet, zur Unterscheidung von Arten oder gar Gattungen zu dienen, nicht nur wegen ihrer Uebereinstimmung in der allgemeinen Form, sondern namentlich wegen ihrer grossen Neigung zu individuellen Verschiedenheiten selbst in solchen Punkten, die bei Schlangen anderer Familien ohne Skrupel als specifische oder generische Charaktere benutzt werden können. Besonders ist die Neigung zu Theilungen und Einschnitten sehr gross und gewiss muss manche der auf diesen beruhenden Arten eingezogen werden. Dies gilt z. B. in hohem Grade von der Gattung *Aipysurus* Lacép., aus welcher, wenn solche Theilungen einen Artcharakter abgäben, man Schmidt und Duméril zufolge, fast eben so viele Arten bilden müsste, als Exemplare davon bekannt sind. Ebenso dürfte, wie schon oben bemerkt, der Mangel des Frontal- und der Parietalschilder bei Duméril's Gattung *Acalyptus* auf einer solchen Zertheilung in viele kleine Schilderchen beruhen.

Jene Neigung zu Theilungen macht sich häufig nur am Rande der einzelnen Schilder, und namentlich an solchen Punkten geltend, wo mehre derselben zusammen grenzen. So werden nicht selten accessorische Schilderchen vor oder hinter dem Frontalschilde (die Art *Aipysurus fuliginosus* Dum. beruht mit hierauf), ferner abnorme Theilungen der Praefrontalschilder bemerkt [1]). Seltener sind accessorische Schildchen im Centrum der grösseren Schilder angedeutet. Bei einigen Exemplaren von *H. pelamidoides* finde ich ein solches in der Mitte des Frontalschildes, bei anderen und bei *H. schistosa*, *H. pelamis* an der inneren Grenze der Parietalschilder. — Von einer, vielleicht ebenfalls abnormen Theilung der Nasal- und des Rostralschildes bei *H. anómala* wird bei der Charakteristik dieser Art die Rede sein.

Es leuchtet ein, dass durch diese, nach den Individuen wechselnde Neigung zu Theilungen und Verschmelzungen die Wichtigkeit sehr verringert wird, die man den Kopfschildern der Hydrophiden in systematischer Beziehung beilegen könnte. Aus diesem Grunde habe ich mich enthalten, im descriptiven Theil dieser Schrift auf die Form der Frontal- und der Parietalschilder Gewicht zu legen, und auch die Zahl und Gestalt der vorderen Kopfschilder nur dann zu den Artmerkmalen hinzugezogen, wenn ausser ihnen noch andere wesentliche Charaktere vorhanden waren.

Eine andere Eigenthümlichkeit der Meerschlangen ist die, dass die Kopfschilder einiger Arten weich sind und ein fast lederartiges Ansehen haben, was dann ebenfalls viel zu ihrer von anderen Schlangen abweichenden Physiognomie beiträgt. Dies ist besonders auffallend bei *H. pelamidoides*, *schistosa*, *striata*, *doliata*. Harte Schilder dagegen finden sich bei *H. Schlegelii*, *pachycercus*,

1) Von Schmidt ward dies mit benutzt, um Lacépède's *Aipysurus laevis* in zwei Arten zu theilen. — Vergl. über solche Theilungen auch des letztgenannten Autors Abbildung des Kopfes von einer in unserer Sammlung befindlichen *H. schistosa* (l. l. Taf. 6, Fig. 1).

microcephala, gracilis. — Zuweilen sieht man mit Hülfe der Loupe viele feine Poren auf den Schildern, namentlich an deren Rändern. Doch ist dies nicht etwa constanter Charakter für einzelne Arten, sondern eine schwankende, individuelle Eigenthümlichkeit. Ich fand solche Poren bei alten Exemplaren von *Astrotia schizopholis*, *Hydrophis anomala*, *schistosa;* vermisse sie aber bei allen untersuchten Individuen von *H. Schlegelii, microcephala, pachycercus.*

3. Schuppen.

Die Form und die Stellung der Schuppen liefern vortreffliche Artcharaktere für diese Familie, doch ist auch hier wegen vielfacher individueller Verschiedenheiten eine sehr sorgfältige Kritik erforderlich.

Zu den unwesentlichen Merkmalen gehört z. B. die grössere oder geringere Stärke der Tuberkeln oder Kiele auf den Schuppen. Je mehr grade diese Hervorragungen an einzelnen Exemplaren ins Auge fallen, um so mehr war man von jeher geneigt, eben auf ihre Grösse oder Schwäche ein besonderes Gewicht zu legen. Und doch findet man sich oft überrascht, bei anderen Individuen derselben Art die Schuppen ganz ohne Tuberkeln zu finden. Man muss viele Wasserschlangen und namentlich viele Individuen derselben Art untersucht haben, um die Ueberzeugung zu gewinnen, dass hierauf nur sehr wenig Gewicht zu legen ist. Besonders auffallend ist diese wechselnde Entwickelung der Tuberkeln bei verschiedenen Exemplaren von *H. pelamidoides*, deren einige, namentlich am Bauch, förmliche Stacheln besitzen, während andere nicht die geringste Spur von Tuberkeln, sondern höchstens die Vertiefungen zeigen, die sich, wo letztere schwächer entwickelt sind, an deren Seiten zu befinden pflegen. Ganz dasselbe finde ich bei *H. annulata (H. pelamidoides, variet. Auct.).*

Keine ächte *Hydrophis* hat nämlich an allen Theilen des Körpers ganz glatte, spiegelnde Schuppen, obgleich die Tuberkeln namentlich am Halse bisweilen wenig sichtbar sind. Wo keine Kiele oder Tuberkeln bemerkt werden, sind wenigstens an einigen Stellen des Körpers die Vertiefungen sichtbar, die sich an deren Seiten zu finden pflegen. Glatte spiegelnde Schuppen bilden daher einen brauchbaren Charakter, um von der Gattung *Hydrophis* das Genus *Platurus* zu unterscheiden. Auch bei *Aipysurus* haben die Schuppen einen spiegelnden Glanz, der selbst bei der einzigen Art *(A. fuscus, Stephanohydra fusca* Tschudy), welche Tuberkeln, und zwar mehre Tuberkeln auf den einzelnen Schuppen besitzt, durch diese Erhabenheiten nur wenig beeinträchtigt wird.

Wenn auch nicht die Grösse, so ist doch die Form jener Tuberkeln oder Kiele charakteristisch. Im Allgemeinen gilt die Regel, dass letztere sich nicht, wie bei vielen übrigen Schlangen, bis ans hintere Ende der Schuppen erstrecken. Mit Unrecht sucht also Duméril durch diese allen gemeinschaftliche Bildung die ohnehin nicht haltbare Gattung *Disteira* Lacép. zu unterscheiden. — Oft sind blosse, kegelförmige Erhöhungen vorhanden, förmliche Tuberkeln, die bei schwächerer Entwickelung seitlich von Längsvertiefungen eingefasst erscheinen (*H. pelamidoides*, *H. nigrocincta*); oft sieht man grade, an ihrem hinteren Ende höhere, spitze Längskiele (besonders scharf bei *H. anomala*, schwächer bei *H. doliata*). Sehr charakteristisch ist auch die Form, die sich bei *H. microcephala*, *H. pachycercus* und *H. pelamis* findet, und die zuerst von Schmidt an der zuerst genannten Art entdeckt und abgebildet wurde[1]). Hier sind die Kiele der Schuppen in den 6—10 untersten Bauchreihen in der Mitte eingedrückt und wie aus zwei hinter einander liegenden Tuberkeln gebildet, von denen der hintere grösser und ziemlich scharf ist. Auch an *Astrotia schizopholis* finde ich an einigen Stellen die Kiele in der Mitte unterbrochen und aus zwei Theilen bestehend. So gut diese Form sich als Artcharakter benutzen lässt, da sie sich an sämmtlichen Individuen derselben Art mit Hülfe der Loupe erkennen lässt, so geht doch aus der Vergleichung der genannten vier Arten hervor, wie unthunlich es sein würde, sie als Gattungscharakter anzuwenden[2]).

Was nun die Form und die Stellung der Schuppen selbst betrifft, so sind dieselben sehr constant bei den verschiedensten Individuen derselben Art. Sie bieten daher vorzügliche Art- und selbst Gattungs-Charaktere.

Eine dachziegelartige Lage (*squamae imbricatae*), bei welcher der hintere Rand der Schuppen frei über den Anfang der folgenden hinwegragt, ist vollkommen deutlich ausgeprägt nur bei den Gattungen *Platurus*, *Aipysurus* und *Astrotia* (*Hydr. schizopholis* Schmidt), und zwar bei der letzteren in so auffallender Weise, wie sie überhaupt in der Klasse der Reptilien sehr selten, vielleicht gar nicht wieder vorkommt. Letztere Schlange erhält dadurch eine von allen übrigen Arten so durchaus abweichende Physiognomie, dass ich geglaubt habe, sie als Typus eines besonderen Genus betrachten zu müssen. Ihre Schuppen sind oval und mit den oben beschriebenen charakteristischen Kielen bedeckt. Die Genera *Platurus* und *Aipysurus* haben grosse Rhombenschuppen mit spiegelndem Glanz.

---

1) Abhandl. a. d. Gebiete der Naturwissenschaften, herausgegeben vom naturwissenschaftlichen Verein zu Hamburg, II, 2. Taf. 2, Fig. 4.

2) Duméril hatte die Absicht, auf diese bei *H. microcephalus* beobachtete Form ein neues Genus *Leprogaster* zu gründen. *Erpét. génér.* VII, 2, pag. 1356.

Bei dem Genus *Hydrophis* dagegen, mit dem wir die Genera *Disteira* Lacép. und *Pelamis* Daud. wieder vereinigen, herrscht bei einer pflasterförmigen Stellung die sechseckige Form vor, die jedoch auf eine gleich zu entwickelnde Weise auch in die von entweder rechtwinkligen oder schiefwinkligen Vierecken übergeht. — Diese Sechsecke sind beständig so geordnet, dass sie nach vorn und hinten je eine ihrer Grenzlinien, nach jeder der zwei seitlichen Richtungen jedoch einen ausspringenden Winkel richten. Beständig also sind zwei ihrer Seiten auf der Längsachse des Thiers senkrecht, niemals ihr parallel. Bei einigen Arten jedoch sind, namentlich am Rücken, die seitlichen Winkel der Schuppen abgestumpft, wodurch diese die Form von Rechtecken annehmen, welche in Längslinien hinter einander liegen. Zwischen diesen Schuppen wird häufig die am Rücken liegende dunklere Haut sichtbar, so dass jene Stellung eine Reihe paralleler dunkler Längslinien auf der Dorsalfläche hervorruft. Dies ist ein, auf den ersten Blick zu erfassender, für alle Individuen derselben Art constanter Charakter. *Hydrophis pelamidoides* und *H. annulata* lassen sich daran augenblicklich von allen anderen Arten unterscheiden. Ganz dieselbe Bildung kommt auch der *H. pelamis* Schleg. zu, nur dass deren viel kleinere Schuppen breiter als lang sind, also quergestellt erscheinen, während bei den ersteren der Längsdurchmesser überwiegt.

Auch dadurch geht zuweilen die sechseckige Form der Schuppen verloren, dass die ausspringenden, seitlichen Winkel deutlich bleiben, aber die vordere und hintere Kante durch Zuschärfung verschwinden. Hierdurch entsteht nicht die rechteckige, sondern die rhombische Gestalt. Erst wo das schmächtigere Vordertheil in den stärkeren Rumpf verläuft, strecken sich diese Rhombenschuppen mehr in die Breite; die fast in einen Punkt zusammengezogene vordere und hintere Kante werden sichtbarer, und die eigentliche hexagonale Gestalt der Schuppen tritt endlich deutlich hervor. So finde ich es am Rücken von *Hydrophis nigrocincta*, *schistosa*, *gracilis*, *microcephala*, *Schlegelii*, *pachycercus*, — überhaupt bei den schlankeren Formen. Die Bauch- und Seiten-Schuppen bleiben in der Regel sechseckig. Nur bei *H. striata* finde ich, übereinstimmend mit Schlegel's Angabe, alle Schuppen von rhombischer Form. — Aus jenem Uebergang sechseckiger Schuppen in rhombische erklärt sich übrigens, dass einzelnen Arten von dem einen Autor diese, von dem anderen jene Form zugeschrieben werden konnte. Als Artcharakter darf dieselbe nur dann benutzt werden, wenn zugleich die Stelle des Körpers, an der sie gefunden wurde, bezeichnet wird. Namentlich auf der Unterscheidung zwischen hexagonalen, rhombischen und ovalen Schuppen gründete Wagler[1]) seine Gattungen *Hydrophis*, *Hydrus*, *Enhydris*. Diese Unter-

---

1) Natürliches System der Amphibien, 1830. Pag. 165. 166.

scheidung ist aufzuheben, da wir gezeigt haben, dass und auf welche Weise oft an demselben Exemplar eine dieser Formen in die andere übergeht.

Die relative Grösse der Schuppen ist, mindestens bei vielen Arten der Gattung *Hydrophis* (für *Platurus* und *Aipysurus* möchte sich dasselbe jetzt noch nicht beweisen lassen), nicht wesentlich. Dies zeigt nicht nur schon der flüchtigste Anblick, der leicht unter vielen Exemplaren derselben Art gross- und kleinschuppige Individuen erkennen lässt, sondern auch eine genauere Untersuchung. Letztere kann offenbar nur eine Zählung der Schuppen zum Ausgangspunkt haben, die man bei den verschiedenen Individuen an denselben Körperstellen, etwa an dem Punkt ihrer grössten Höhe, unternimmt. Ich habe mich dieser peinlichen Arbeit fast bei allen mir zur Untersuchung vorliegenden Exemplaren unterworfen und die Resultate im descriptiven Theil dieser Schrift der Charakteristik der einzelnen Arten angehängt. Aus der Vergleichung dieser Zahlen sieht man leicht, dass die Zahl der Schuppen, mithin auch deren Grösse, allerdings nur innerhalb gewisser Grenzen schwankt, dass aber diese Grenzen zu weit aus einander liegen, um einen Artcharakter abgeben zu können. Vergleicht man ferner diese Zahlen mit der Grösse, d. h. dem Alter der gemessenen Thiere, so findet man noch das befremdende Resultat, dass die Zahl der am höchsten Theile des Körpers stehenden Längsreihen von Schuppen nicht mit der Grösse des Thieres zunimmt, sondern dass sie häufig auch grade umgekehrt bei jüngeren Exemplaren vermehrt erscheint, und dass überhaupt die Zahl und Grösse der Schuppen in keinem irgend bestimmbaren Verhältniss mit der Grösse des Thieres zusammenhängt. Grade hierdurch wird jene Zahl zur Unterscheidung von Arten ganz unbrauchbar. — Die Zahl der am höchsten Theil des Körpers liegenden Längsreihen schwankt bei den untersuchten Exemplaren von *Hydrophis gracilis* zwischen 40 und 54; von *H. microcephala* zwischen 38 und 43; von *H. pelamidoides* zwischen 28 und 37; von *H. annulata* zwischen 31 und 37; von *H. Schlegelii* zwischen 41 und 46 etc.

4. Bauchschilder.

Eigentliche Bauchschilder von der Form der meisten übrigen Schlangen giebt es unter den Hydrophiden nur bei den Gattungen *Platurus* Latr. und *Aipysurus* Lacép.; sie sind auch hier indessen auf etwa die Hälfte der Bauchfläche beschränkt, nehmen jedoch immer mehr als ⅙ des ganzen Körperumfangs ein. Eine Entstehung derselben durch Verschmelzung mehrer benachbarter Schuppenreihen lässt sich bei diesen Gattungen nicht nachweisen.

Alle ächten Hydrophis-Arten dagegen besitzen entweder keine, oder nur kleine, sich höchstens auf den Raum von drei Schuppenreihen erstreckende

Bauchschilder, die höchstens den zehnten Theil des Körperumfangs einnehmen. Wo sie vorhanden sind, lässt sich immer eine Entstehung aus mehren benachbarten Schuppenreihen dadurch nachweisen, dass sie entweder an einzelnen Stellen wieder in ihre Elemente sich auflösen, oder doch jedenfalls mit 2 bis 4, diesen ursprünglichen Elementen eigenen Kielen oder Tuberkeln versehen sind. Letzterer Grund nöthigt uns, die Gattung *Disteira* Lacép. wieder aufzugeben, und ihre Arten wieder mit der Gattung *Hydrophis* zu vereinen. Denn der für jenes Genus aufgestellte Charakter: „kleine Bauchschilder, je mit zwei Kielen" kommt, wie man sich durch genaue Untersuchung leicht überzeugt, überhaupt allen ächten Hydrophis-Arten zu. Um so mehr ist zu verwundern, dass Duméril die Gattung *Disteira* neuerdings aufgenommen und sie noch dazu durch einen schon oben zurückgewiesenen Charakter über die Form der Schuppenkiele zu halten gesucht hat.

Die mittelsten Schuppenreihen des Bauches bleiben in der That bei keiner einzigen Art constant getrennt, ihre Verschmelzung und Trennung wechselt vielmehr nicht nur bei den verschiedenen Arten, sondern oft schon bei den einzelnen Individuen. Namentlich zeigen *Hydrophis pelamidoides* und *H. annulata* hierin die grössten individuellen Verschiedenheiten. In der Regel zeichnen sich bei diesen Arten die mittelsten Reihen der Bauchschuppen durch grosse Unregelmässigkeit aus: bald sind sie auf kurze Strecken verschmolzen, an anderen getrennt; bald stehen einige derselben auf gleicher Höhe neben einander, bald wieder, und dies ist ein sehr häufiger Fall, findet sich zwischen den Schuppen der zwei mittelsten Reihen eine dritte, kleinere unregelmässig eingeschaltet, so dass man zuweilen hier an einem Individuum alle möglichen Formen vereinigt findet. — Diese beiden sehr verwandten Arten sind indessen die einzigen, die eine so grosse Unregelmässigkeit an fast jedem einzelnen Individuum beobachten lassen, ja man könnte eben diese Unregelmässigkeit hier als einen Artcharakter betrachten. Am häufigsten wird bei denjenigen Arten, die kleine Bauchschildchen besitzen, eine Störung der Regelmässigkeit dadurch hervorgebracht, dass sich dieselben, wie oben bemerkt, auf kürzere oder längere Strecken wieder in zwei Schuppenreihen trennen, von denen jede Schuppe dann wieder den ihr zukommenden Kiel zeigt. Aus diesem Umstande und aus der Vergleichung vieler Arten in mannigfachen Individuen ergeben sich folgende Punkte:

a. Dass die Bauchschilder der *Hydrophis*-Arten durch Verschmelzung von zwei oder mehr benachbarten Schuppenreihen entstehen.

b. Dass das Dasein von Kielen oder Tuberkeln auf den so entstandenen Bauchschildern demjenigen deutlicher Tuberkeln oder Kiele auf den übrigen Schuppen entspricht. Wo sie auf diesen undeutlich und schwach sind,

sind sie es auch auf jenen. *Astrotia schizopholis* macht hievon eine Ausnahme. Hier sind die in gleicher Höhe stehenden Schuppen der zwei mittelsten Bauchreihen nicht nur dadurch ausgezeichnet, dass sie, wie Schmidt entdeckte, am hinteren Rande (jedoch nicht an allen Stellen) eingeschnitten sind, sondern auch dadurch, dass ihnen jede Erhabenheit fehlt, während die übrigen Schuppen durch einen in der Mitte unterbrochenen Kiel sich auszeichnen.

c. Die grössere oder geringere Deutlichkeit von Kielen oder Tuberkeln ist also nach b nicht constanter Artcharakter, sondern wechselt, wenigstens bei einigen Arten, bei den verschiedenen Individuen.

d. Nicht blos zwei, sondern auch vier *(Hydrophis pachycercus)* oder mehr *(Aipysurus fuscus)* Kiele werden hin und wieder beobachtet, bisweilen sogar zwei Kiele auf einigen, vier auf anderen Bauchschildern desselben Individuums *(H. doliata)*.

e. Die Zahl der Bauchschilder variirt bei den verschiedenen Exemplaren zu sehr, um als Artcharakter benutzt werden zu können. Namentlich gilt dies von den kleinschuppigen Arten (während bei *H. pelamidoides* diese Zahl zwischen 134 und 189 liegt, schwankt dieselbe bei *H. gracilis* zwischen 308 und 458, vgl. die Details im descriptiven Theil).

5. Zähne.

Ueber die giftige Natur der Seeschlangen ist so viel gestritten worden, dass ihr Zahnbau schon aus diesem Grunde von dem grössten Interesse ist. Denn wenn auch trotz der entgegenstehenden Mittheilungen von Sieboldt's die Gefährlichkeit des Meerschlangen-Bisses durch Russel[1]) und Cantor's[2]) Versuche ausser allen Zweifel gesetzt ist, so konnten sich doch diese Experimente nicht auf alle Arten erstrecken, und die Zweifel einiger Gelehrten an dem Vorhandensein von Giftzähnen bei allen Arten[3]) müssen erst entschieden sein, bevor die Zusammengehörigkeit derselben in eine natürliche Familie, die bekanntlich von früheren Forschern, namentlich von Fitzinger[4]), in Abrede gestellt worden, endgültig ausgesprochen wird. Es wurden daher auch in dieser

---

1) *An account of Indian Serpents.* An verschiedenen Stellen.

2) *Transact. of the Zool. Society.* II. pag. 303 ff. ausgezogen von Duméril l. l. VII, 2, pag. 1343 ff.

3) Schmidt l. l. zweifelt an dem Dasein von Giftzähnen bei *Aipysurus laevis* (seinen *Thalassophis anguillaeformis* und *Th. muraenaeformis*), so wie bei seiner *Hydrophis anomala*.

4) Klassification der Reptilien.

Beziehung alle Meerschlangen unseres Museums einer gründlichen Untersuchung unterworfen. Wo nur ein Exemplar zu Gebote stand, wurden die neben den Giftzähnen beständig vorhandenen Ersatzzähne untersucht. Es ward dadurch ausser allen Zweifel gestellt:

1. dass alle Meerschlangen ohne Ausnahme wirkliche Giftzähne am vorderen Ende des Oberkiefers besitzen;
2. dass sie in Bezug auf deren Bau und Form, sowie auf den Bau der dahinter liegenden soliden Zähne sich durchaus den übrigen Proteroglyphen, namentlich den Gattungen *Naja, Bungarus, Pseudoëlaps* anschliessen.

In Bezug auf den zweiten dieser Punkte muss an eine Eigenthümlichkeit aller Proteroglyphen erinnert werden, die, obgleich schon vor 27 Jahren von Schlegel abgebildet, doch von den neueren Systematikern nicht beachtet worden ist, und deshalb auch in die Lehrbücher keinen Eingang gefunden hat. In seiner „Untersuchung über die Speicheldrüsen"[1]) und später in seinen „Abbildungen neuer oder unvollständig bekannter Amphibien"[2]) lieferte dieser gründliche Forscher genaue Darstellungen der Giftzähne von *Elaps* und *Naja*, welche nicht bloss den inneren Längskanal sammt dessen erweiterten Zugängen (an der Basis und an der Spitze), sondern auch die vor diesem Kanal an der Vorderfläche des Zahns liegende Furche deutlich erkennen lassen. Um so auffallender ist es, dass Duméril, der doch sein künstliches System vorzugsweise auf den Zahnbau gründet, dieses inneren Giftkanals bei den Zähnen dieser Schlangen gar nicht erwähnt, sondern letztere im Gegentheil als *Proteroglyphes* (d. h. Schlangen mit einer Furche an den Vorderzähnen) bezeichnet, im Gegensatz zu seinen *Solenoglyphes* (d. h. Schlangen mit einem inneren Kanal in den Giftzähnen). Im Allgemeinen sind allerdings diese Benennungen richtig, denn die ersteren haben wirklich eine vordere Furche, die letzteren wirklich einen inneren Kanal. Aber der scharfe Gegensatz, der dadurch ausgesprochen wird, ist in der Natur nicht vorhanden. Denn ausser jener vorderen Furche haben die Giftzähne der Proteroglyphen auch noch den inneren Giftkanal der Solenoglyphen, während die Zähne der letzteren oft auch jene vordere Furche der ersteren erkennen lassen[3]).

---

1) *Nova Act. Phys. Med. Acad.* C. L. C. XIV. 1828. Taf. 16, Fig. 3.

2) 1837—41. Taf. 46, Fig. 18 u. 19; Taf. 48, Fig. 10.

3) Bei folgenden Proteroglyphen habe ich mich von dem Dasein des inneren Giftkanals hinter einer an der Vorderfläche deutlichen Furche dadurch überzeugt, dass ein feines, in die Oeffnung an der Basis eingeführtes Härchen aus der Oeffnung vor der Spitze wieder hervordrang: *Naja tripudians* Merr.; *Naja Haje* Schleg.; *Bungarus annularis* Daud.; *Bungarus arcuatus* Dum.; *Elaps furcatus* Schneid.; *Pseudoëlaps superciliosus nov. spec.*

Das gleichzeitige Dasein einer Furche und eines inneren Giftkanals bei den Zähnen der Proteroglyphen erklärt sich daraus, dass sowohl Furche als Längskanal durch wulstartig vortretende Ränder eines solchen Zahns gebildet werden. Schliessen diese Ränder vorn nicht zusammen, so entsteht nur eine der ganzen Länge nach offene Furche, wie sie sich immer an den hinteren Zähnen der Opistoglyphen, bisweilen auch an den vorderen der Proteroglyphen (*Elaps* nach Schlegel) findet. Schliessen dagegen jene Ränder völlig zusammen, so entsteht erstens ein innerer Giftkanal, dann aber auch, da ein vollkommenes Verschmelzen beider Ränder nur selten statt hat, auch noch eine leichte Furche an der Vorderfläche des Zahns. Letztere Furche ist also von derjenigen an den Hinterzähnen der Opistoglyphen genetisch verschieden und dient nicht, wie bei diesen zur Fortleitung des Giftes; sie ist gewissermassen eine secundäre Bildung, die nur in Begleitung eines dahinter liegenden Giftkanals auftreten kann, während erstere die primäre Anlage des Giftkanals selbst ist. — In der That würde auch das alleinige Dasein einer vorderen Rinne an den Giftzähnen der Proteroglyphen der sicheren Wirkung des Bisses nicht genügen, da das Eindringen des Giftes in die gemachte Wunde dadurch nicht gesichert erscheint, zumal diese Schlangen, gleich den Krotalen und Vipern die ergriffene Beute nicht festhalten, um nöthigenfalls den ausgeführten Angriff wiederholen zu können, sondern ihre furchtbare Waffe durch einen raschen Biss gewissermassen auf den Feind abschiessen, um dann, sich zurückziehend, die betäubende Wirkung des Giftes abzuwarten. Anders bei den Opistoglyphen. Wegen der ganz nach hinten gerückten Lage der Furchenzähne kann hier überhaupt in den meisten Fällen ein Einflössen des Giftes erst erfolgen, wenn das gepackte Opfer im Begriff ist, dem Angriff zu erliegen und hinunter gewürgt zu werden; das Gift mag dann höchstens noch dazu dienen, das letzte Ringen des widerstrebenden Opfers zu brechen oder auch vielleicht den Zersetzungs- und Verdauungsprozess vorzubereiten. Für diesen Zweck aber genügt ebensowohl die hintere Stellung der Zähne, als auch deren zu einem Kanal nicht geschlossene Furche.

(vergl. den Anhang); *Dendroëchis reticulata nov. spec.* (die Beschreibung im Anhang); *Astrotia schizopholis* Schmidt; *Hydrophis Schlegelii* Schm.; *H. striata* Schleg.; *H. nigrocincta* Schleg.; *H. pelamidoides* Schleg.; *H. annulata nov. spec.*; *H. pelamis* Schleg. — Bei folgenden Arten gelang es, wegen der grossen Feinheit der Giftzähne, nicht, ein feines Härchen durch den Kanal zu führen: *H. gracilis* Schleg.; *H. microcephala* Schm.; *H. schistosa* Schleg. Bei *H. gracilis* konnte ich mich jedoch an einem quer durchgebrochenen Giftzahn beim Anblick der Bruchstelle von dem Dasein eines Giftkanals (vor der für die Zahnpulpa bestimmten Höhlung) bei achtfacher Vergrösserung überzeugen. — Eine vordere Furche habe ich bei allen untersuchten Meerschlangen an den Giftzähnen gefunden.

Was nun speciell diejenigen Arten von Meerschlangen betrifft, denen von einzelnen Forschern der Besitz von Giftzähnen abgesprochen worden, so ist für *Hydrophis pelamis*, welche Fitzinger[1]) nebst den Gattungen *Disteira* Lacép. (*H. gracilis* Schleg.) und *Aipysurus* Lacép. in die Abtheilung der giftlosen Schlangen gesetzt hatte, schon durch Schlegel[2]) der Besitz des Giftzahns nachgewiesen worden. Später lieferte von Rapp[3]) eine gute Abbildung von dem Schädel dieser Schlange und der den Giftzahn versorgenden Giftdrüse. Neuerdings hat Schmidt, wie oben bemerkt, an dem Vorkommen verdächtiger Zähne bei *Aipysurus laevis* Lacép. und *Hydrophis anomala* gezweifelt. Bei einer 6—8maligen Vergrösserung habe ich mich von der oben und unten weiteren Furche an dem vorderen, durch seine Grösse vor den übrigen ausgezeichneten Eckzahn dieser Schlangen überzeugt, obgleich es mir nicht gelang, auch ein Härchen in dessen feinen Giftkanal einzuführen.

Alle bis jetzt bekannten Wasserschlangen ohne Ausnahme haben am Oberkiefer eine, nach den Arten wechselnde Zahl kleinerer Zähne hinter dem Giftzahn. Auch bei *Platurus fasciatus*, dem alle soliden Zähne hinter dem Giftzahn bisher allgemein abgesprochen wurden, habe ich mich von dem Dasein eines sehr kleinen soliden Zahns auf dem Oberkieferrande hinter dem Giftzahne überzeugt (vgl. die Charakteristik dieser Art im descriptiven Theil dieser Schrift).

Diese soliden Zähne sind ebenfalls oft an ihrer vorderen Fläche gefurcht, und zeigen auch hierdurch eine grosse bisher übersehene Uebereinstimmung mit dem Zahnbau der übrigen Proteroglyphen.

In Bezug auf den Bau der soliden Zähne der Proteroglyphen herrschen nämlich bei den meisten Autoren irrige Ansichten. Obgleich schon von Smith[4]) darauf aufmerksam gemacht worden, dass der bei *Naja tripudians* Merr. hinter dem Giftzahn stehende kleine solide Zahn mit einer Längsfurche an seiner Vorderfläche versehen sei, eine Beobachtung, die später von Rapp[5]) bestätigt worden, ist diese Bildung doch von allen späteren Autoren ausser Acht gelassen, obgleich ihre Wichtigkeit in allgemein zoologischer, vielleicht auch in systematischer Hinsicht nicht zu verkennen ist. Duméril, der selbst den inneren Gift-

---

1) Neue Classification der Reptilien. 1826. Pag. 29.

2) Isis. 1827. Pag. 285.

3) J. J. Bächthold. Untersuch. über die Giftwerkzeuge der Schlangen. Tübingen 1843, Taf. 1, Fig. 4—6.

4) Philos. Transact. London 1818. Pag. 481.

5) Untersuch. üb. d. Giftwerkz. d. Schlangen. 1843. Pag. 7.

kanal an den Giftzähnen der Proteroglyphen mit Stillschweigen übergeht, stellt die Furche an deren hinteren Oberkieferzähnen sogar entschieden in Abrede [1]). — Ich muss nun zwar gestehen, dass es mir an der von Smith untersuchten *Naja tripudians* Merr. trotz der grössten Aufmerksamkeit nicht gelungen ist, mich von der gefurchten Natur des bei dieser Art sehr kleinen soliden Zahns, (den ich sogar bei zwei Exemplaren der ächten Brillenschlange, mit deutlicher Brillenzeichnung, gänzlich vermisste, während es leicht war, ihn bei der einfarbig braunen sundischen Varietät aufzufinden) zu überzeugen. Dagegen fand ich diese Furche sehr leicht an den soliden Oberkieferzähnen vieler anderer Proteroglyphen [2]). Bei *Naja Haje* stehen hinter dem durchbohrten Giftzahn und dessen Ersatzzähnen zwei kleine solide Zähne, an denen man sich bei grossen Exemplaren schon mit blossen Augen, besser mit schwacher Vergrösserung, von dem Dasein einer tiefen Furche überzeugt, die sich an der Vorderfläche eines jeden derselben von der Basis bis zur Spitze herabzieht. — Bei *Bungarus arcuatus* stehen hinter dem Giftzahn und dessen Ersatzzähnen vier kleine solide Zähne dicht hinter einander; sie alle haben eine tiefe Rille an der Vorderfläche. Bei *Pseudoëlaps superciliosus* stehen hinter dem Giftzahn in einer bis zum Mundwinkel sich erstreckenden Reihe zehn kleine dicht hinter einander befestigte solide Zähne, von denen die drei ersten untersucht und gefurcht befunden wurden. Ebenso finde ich die ersten der hinter dem Giftzahn folgenden soliden Zähne bei *Hydrophis striata*, *pelamidoides*, *nigrocincta*, *anomala* deutlich gefurcht.

Ob in allen diesen Fällen die Furchen dieser kleinen, soliden, hinter dem eigentlichen Giftzahn stehenden Zähne ebenfalls durch kleine Nebenkanäle mit der Giftdrüse in Verbindung stehen, bleibt noch zu ermitteln.

---

1) *Erpétologie générale* VII, 2, Pag. 1178. Von den vorderen Giftzähnen sprechend sagt dieser Forscher: „*On distingue sur ces crochets antérieurs, souvent plus longs que les autres, un „sillon, une cannelure, que ne presentent pas les autres dents placées à la suite et „en plus grand nombre.*“

2) Um hier der Muthmassung zu begegnen, als habe bei dieser Untersuchung vielleicht eine Verwechselung mit den Ersatzzähnen der eigentlichen Giftzähne statt gefunden, sei nur bemerkt, dass eine solche Verwechselung unmöglich ist, da diese Ersatzzähne meist lose neben oder dicht hinter dem Giftzahn in der für diesen bestimmten Grube liegen, oder, wenn feststehend, dicht neben demselben sitzen, dagegen die Reihe jener gefurchten Oberkieferzähne erst in einer Entfernung hinter dem Giftzahn beginnt, die gleich dessen Länge ist. Zugleich ist der letztere viel grösser und, wie erst bemerkt, immer durch den inneren Längskanal ausgezeichnet, der den kleineren auf dem Oberkieferrande befestigten soliden Zähnen stets abgeht.

Die Zahl der auf den Giftzahn folgenden soliden Oberkieferzähne ist zwar für die Individuen einer Art constant dieselbe, für die verschiedenen Arten verschieden, eignet sich aber dennoch nicht zu einem Erkennungscharakter der letzteren, so wichtig sie auch zur Definition der Arten selbst ist. Und zwar jenes deshalb nicht, weil es häufig sehr schwer fällt, ihre Zahl zu ermitteln. In der Reihe der Oberkieferzähne (nicht bloss der Giftzähne) aller Schlangen finden sich nämlich immer einzelne lose, welche nur durch die Zahnpulpa mit dem Kieferrande zusammenhängen. Dies sind die Ersatzzähne für die an derselben Stelle früher ausgefallenen Zähne, da die Schlangen bekanntlich während des ganzen Lebens einem beständigen Zahnwechsel unterworfen sind [1]). Diese losen Zähne entziehen sich einer nicht sehr vorsichtigen Untersuchuug sehr leicht, da sie, an die häutige Scheide, welche die ganze Zahnreihe beiderseits einhüllt, sicb anlegend, leicht mit dieser zurückgeschoben werden, wenn man den Zahnbau eines Weingeistexemplars untersucht. Bei der Präparation des Schädels gehen sie in der Regel verloren. Daraus erklärt sich, dass von Rapp den Schädel von *Hydrophis pelamis* mit vier soliden Oberkieferzähnen jederseits abbildete, während deren in der That acht vorhanden sind. Oft wechseln nämlich diese losen Zähne mit den feststehenden ab, und man erhält, wenn man nur die letzteren berücksichtigt, nur die Hälfte der wirklich vorhandenen. Oft aber auch findet ein solches Alterniren nicht statt, sondern die losen Zähne finden sich unregelmässig zerstreut in der Reihe der übrigen. In diesem Falle wird man durch genaue Berücksichtigung der Lücken auf den Mangel einzelner Zähne aufmerksam gemacht. Am leichtesten wird ein solcher noch nicht fest angewachsener Zahn übersehen, wenn er der erste (oder der letzte) in der hinter dem Giftzahn beginnenden Reihe ist. Man kann sich daher, zumal bei den oft winzig kleinen Zähnen der Hydrophiden, nur nach Vergleichung vieler Exemplare ein richtiges Urtheil über die Zahl der Zähne einer Art bilden, und muss, wo Schädel zur Zählung benutzt werden sollen, sorgfältig auf die Ansatzpunkte der etwa ausgefallenen Ersatzzähne achten.

Für folgende Arten von Hydrophiden muss ich, nach Vergleichung mehrer Exemplare, die beigefügten Zahlen der soliden Oberkieferzähne für die richtigen halten: *Platurus fasciatus* = 1 (dieser Art wurden bisher, wie oben bemerkt, beständig alle soliden Oberkieferzähne abgesprochen); *Aipysurus laevis* = 10 (nach v. Tschudy *Aipys. fuscus* = 8); *Astrotia schizopholis* = 6; *Hydrophis pelamidoides* = 5; *H. annulata* = 6; *H. anomala* = 5; *H. schistosa* = 4; *H. nigrocincta* = 7; *H. striata* = 7; *H. pelamis* = 8; *H. Schlegelii* = 10; *H. microcephala* = 6; *H. gracilis* = 14. — Den schwächsten Zahnbau hat *Aipysurus;* auf-

---

1) v. Rapp. Untersuch. üb. die Giftwerkz. d. Schlangen. Pag. 5.

fallend ist, dass die kleinköpfigste Art *(H. gracilis)* die grösste Zahl der Oberkieferzähne hat.

Die Reihe der Oberkieferzähne erstreckt sich nie ganz bis zum Mundwinkel. Dies ist dagegen bei der Zahnreihe des Unterkiefers der Fall. Unter den Formen, welche die letzteren zeigen, ist diejenige von *H. anomala* die auffallendste, und rechtfertigt den von ihrem Entdecker Schmidt dieser Schlange gegebenen Namen, selbst wenn die ihr als Charakter beigelegte Theilung der vorderen Kopfschilder als individuelle oder krankhafte Abänderung betrachtet wird. Von den vierzehn Unterkieferzähnen nämlich, welche diese Art jederseits besitzt, finde ich die letzten drei bis vier mit ihren Spitzen nicht nach hinten, sondern quer nach innen, selbst etwas nach vorn gerichtet.

Im descriptiven Theil dieser Schrift ist die Zahl der Unterkieferzähne und der Gaumenzähne unberücksichtigt geblieben. Letztere namentlich sind als systematisches Merkmal aus dem Grunde nicht zu brauchen, weil ihre beiden Reihen sich weit nach hinten in den Schlund erstrecken, so dass es unmöglich ist, sich ohne Hülfe präparirter Schädel von ihrer Zahl zu unterrichten.

Anmerkung. Duméril legte bekanntlich seiner Classification der Schlangen den Zahnbau zu Grunde. Dass ungeachtet dieses künstlichen Eintheilungsprincipes die meisten Hauptgruppen seines Systems mit denen der Schlegel'schen natürlichen Eintheilung übereinstimmen, lässt sich begreifen, wenn man bedenkt, dass wahrhafte Fundamentalunterschiede sich auch im Bau einzelner Merkmale, mithin auch im Zahnbau aussprechen müssen. Diese Uebereinstimmung dürfte jedoch eher eine Probe für das natürliche, als ein Beweis für die Richtigkeit des künstlichen Systems sein. Genau genommen ist unter den Hauptgruppen der Duméril'schen Eintheilung nur dies neu, dass Schlegel's *Serpens non vénimeux* in drei neue Gruppen: *Opoterodontes, Aglyphodontes* und *Opistoglyphi* gebracht, und letztere den eigentlichen Giftschlangen genähert werden.

Der Maasstab, der an ein künstliches System bei dessen Beurtheilung gelegt werden muss, ist offenbar ein anderer, als die Forderungen, die an ein natürliches zu stellen sind. Während wir von letzterem eine Erschöpfung sämmtlicher Charaktere verlangen, fordern wir von dem ersteren nur eine consequente Durchführung des zum Eintheilungsprinzip gewählten Merkmals, zu welchem letzterem ausserdem solche Organe genommen sein müssen, die der Untersuchung sich leicht darbieten. Denn wenn in unseren Tagen für verwickelte Thiergruppen noch künstliche Systeme zulässig sein sollten, so haben diese doch jedenfalls nur den Werth, theils als Uebergang und Vorbereitung für die anzubahnende natürliche Eintheilung zu dienen, theils auch die Masse des vorhandenen Materials übersichtlich und in der Art zu ordnen, dass die Bestimmung der Arten und Gattungen darnach möglich werde. Durch die Wahl des Zahnbaues zum Eintheilungsprinzip hat Duméril allerdings Organe ergriffen, die sowohl der Beobachtung leicht zugänglich, als auch constant für die einzelnen Arten und (abgesehen von der Zahl der Zähne) für die Gattungen sind. Eine gründliche Untersuchung dieser Organe und eine consequente Durchführung des auf ihren Bau begründeten Systems wird jedoch in der *Erpétologie générale* vermisst. Auf die Nichtbeachtung des inneren Giftkanals an den Giftzähnen der Proteroglyphen und der Längsfurchen an den soliden Oberkieferzähnen dieser Abtheilung ist schon oben hingewiesen. Diese Vernachlässigungen sind jedoch praktisch weniger wichtig, weil die übrigen natürlichen Charaktere dieser Ordnung zu deren Unterscheidung ausreichen. Viel nachtheiliger ist der Mangel an Consequenz in der Durchführung des gewählten Eintheilungsprinzips. Ein Beispiel liefern die Familien der *Oxycéphaliens* und der *Anisodontiens.* Letztere soll alle diejenigen Opistoglyphen umfassen, deren vor den Furchenzähnen befindliche Oberkieferzähne eine sehr ungleiche Entwickelung zeigen; die Gattung *Psammophis* bildet den Stamm derselben. Gleichwohl werden mehre Schlangen mit ächtem *Psammophis*-Gebiss unter die *Oxycephali* gebracht, so dass ein nach der Vorschrift Dumérils zunächst das Gebiss untersuchender Anfänger in der That in Verlegenheit gerathen müsste. Die Gattung *Dryiophis* Schleg. wird aufgelöst, und ihre meisten Arten in die Familie der *Oxycephali* gesetzt, ohne dass überall auf deren Zahnbau, der doch der gesammten Eintheilung zu Grunde liegt, Rücksicht genommen ist (Gatt. *Dryinus*, *Xiphorrhynchus*, *Oxybelus*, *Tragops*). Nur bei *Psammophis punctulatus* Dum., welche der Verfasser in seinem Prodromus unter den Oxybelen aufführte, hatte derselbe sich später durch den Zahnbau überzeugt, dass diese Schlange zu den *Psammophis* zu zählen sei. Dabei ist denn freilich nicht zu begreifen, dass derselbe Zahnbau Duméril nicht zu demselben Schluss für *Dryinus nasutus* Merr. (*Dryiophis nasutus* Schl.) geführt hatte, obgleich er dessen *Psammophis*-Gebiss gesehen, und dass ihm im Gegentheil in diesem Falle die natürliche Verwandtschaft mit den übrigen *Oxycephali* wichtig genug erschienen war, um eine Abweichung von der künstlichen Eintheilung zu rechtfertigen. Soll letztere wirklich aufrecht erhalten werden, so ist dies nur dadurch möglich, dass die von Duméril aufgehobene Gattung *Dryiophis* Schleg. als eine Gattung der *Anisodontes* wiederhergestellt wird, und ihr diejenigen Arten der *Oxycephali* eingereiht werden, die ein *Psammophis*-artiges Gebiss haben. Zu diesen Arten gehören namentlich: *Dryiophis nasutus* Schleg. (*Dryinus nasutus* Merr); die indischen Exemplare des *Oxybelus fulgidus* Boje (nicht *Dryiophis Catesbyi* Schleg., welche letztere, wie alle amerikanischen *Dryiophis*-Arten, kein *Psammophis*-Gebiss besitzt); *Dryiophis prasina* Boje; *Tragops xanthozonius* Wagl. (*Dryiophis prasinus Var.* Schleg.); *Psammophis punctulatus* Dum. — Alle diese Arten haben das gemeinsam, dass die Vorderzähne des Oberkiefers bis zum fünften und sechsten bedeutend grösser werden, welcher Charakter auch äusserlich leicht an der beträchtlichen Höhe der ersten, vor dem Auge gelegenen Oberlippenschilder zu erkennen ist. Die Convexität des Oberlippenrandes ist hier nach unten gerichtet. — Den amerikanischen Arten der Schlegel'schen Gattung *Dryiophis* fehlt dagegen dieser Charakter; die Vorderzähne sind fein, gleich lang, die ersten Oberlippenschilder bis zum Auge niedrig und die Convexität des Oberlippenrandes vor dem Auge nach oben gerichtet. Diese Arten sind also von der Gattung *Dryiophis* zu trennen, und in die Abtheilung von Duméril's *Dipsadini* zu versetzen; so namentlich: *Dryiophis Catesbyi* Schleg. (nicht mit dem indischen *Oxybelus fulgidus* zu verwechseln, wie dies von Duméril geschieht); *Dr. auratus* Schleg.; *Dr. argenteus* Schleg.

Dass Duméril überhaupt die Gruppe der Baumschlangen als solche aufgelöst, und die Aglyphodonten derselben unter verschiedene Familien vertheilt hat, ist gewiss als ein Fortschritt in der Systematik zu bezeichnen, analog demjenigen, nach welchem auch die Klettervögel kaum mehr als eine natürliche Ordnung gelten können, und nach welchem die kletternden Säugethiere nicht in eine natürliche Abtheilung zu bringen sind. Dass diejenigen Thiere einer und derselben Klasse, die dasselbe Element bewohnen, in vielen Punkten ihrer Organisation und meist in ihrem Gesammthabitus übereinstimmen müssen, versteht sich von selbst, da dasselbe Element dieselbe Bewegungsart, diese aber (wenigstens bei Mitgliedern einer und derselben Klasse) denselben Gesammthabitus des Körpers verlangt. Dieser letztere allein ist aber für die systematische Stellung nicht entscheidend, wie das Beispiel der von den Fischen fundamental verschiedenen Wale zeigt.

Vorausgesetzt also, dass Duméril's Schlangenfamilien wirklich sich als natürliche bestätigen sollten, so müssten wir uns vollkommen damit einverstanden erklären, dass Duméril die giftlosen Arten der Baumschlangen unter die verschiedenen Familien seiner Aglyphodonten vertheilt; nur würde die Consequenz erfordern, dass dasselbe auch mit denjenigen geschähe, deren letzte Oberkieferzähne gefurcht sind. Hiernach würden die *Oxycephali* Duméril's aufzulösen und wie vorhin bemerkt, theils unter die *Anisodontes*, theils unter die *Dipsadini* zu vertheilen sein. — Dass auch die Abtheilung der Proteroglyphen (*Serpens vénimeux colubriformes* Schleg.) ächte Baumschlangen vom Habitus der *Dendrophis*-Arten besitzt, wird durch unsere *Dendroëchis reticulata* bewiesen, und bestätigt die Nothwendigkeit jener Theilung. Ebenso finden sich unter den Solenoglyphen wirkliche Baumschlangen (*Bothrops bilineatus* Wagl.; *Bothrops viridis* Wagl.)

6. Farbe.

Die meisten ächten Hydrophis-Arten sind durch schwarze, schiefergraue oder grünliche Ringe oder Rhombenflecken auf dem Rücken ausgezeichnet, welche in der Jugend beständig zu vollständigen Ringen geschlossen sind. Bei einigen Arten bleiben diese Ringe auch im höheren Alter geschlossen (*Hydrophis nigrocincta, H. gracilis, H. striata, H. annulata*), ohne dass sich jedoch hierdurch stets ein sicherer Artcharakter begründen liesse. Das Hamburger Museum besitzt wenigstens mehre Exemplare von *H. gracilis* und *H. striata* mit nicht geschlossenen Rhombenflecken. Einen besseren Charakter bietet die Breite dieser Querringe in Vergleich zu deren hellen Zwischenräumen; hieran lässt sich z. B. *H. nigrocincta* von *H. striata* augenblicklich unterscheiden. In den meisten Fällen verfliessen diese Querringe, wenn sie im Alter geschlossen bleiben, unterhalb zu einer schwarzen Längsbinde *(H. gracilis, H. annulata)*, doch ist auch dieser Umstand zur Begründung von Arten nicht entscheidend, und es lässt sich nicht rechtfertigen, dass Duméril nur durch den Zusammenfluss der Querringe an der Bauchseite die *H. spiralis* Shaw. von *H. nigrocincta* Schleg. unterscheidet; wenigstens zeigt das von uns untersuchte Exemplar von der letztgenannten Art der Berliner Sammlung ebenfalls auf kurze Strecken eine durch die Verschmelzung der Querringe gebildete Bauchbinde. — Nur selten *(H. pelamis bicolor, Aipysurus fuscus, Aip. fuliginosus)* zeigt sich im höheren Alter keine Spur von Querbinden oder Rhombenflecken auf dem Rücken, noch seltener ist, wenn zwei Grundfarben vorhanden sind, diejenige des Rückens von der des Bauches in einer scharfen Linie abgesetzt *(H. pelamis bicolor)*. — Eine einfache Färbung des ganzen Körpers ohne alle Querbinden und Abzeichen ist bisher nur bei zwei Arten beobachtet worden, nämlich bei *Aipysurus fuscus* Tschudy und *Aip. fuliginosus* Dum. Hier ist der ganze Körper braun, eine Farbe, die sonst nur bei der dritten *Aipysurus*-Art *(Aip. laevis* Lacép.*)*, und in tieferem Tone, als braunschwarz bei *H. pelamis* und bei *Astrotia schizopholis* wiederfindet. Eigenthümlich ist die nur bei dieser Farbe und bei den letztgenannten beiden Arten beobachtete Zeichnung von abwechselnden Querflecken des Rückens und des Bauches, welche so gestellt sind, dass die letzteren mit den ersteren abwechseln, und die Spitzen der Bauchflecken zwischen denen der Rückenbinden stehen (vgl. unten die Beschreibung von *Hydr. pelamis var. alternans)*.

Der Kopf ist oberhalb nur selten einfarbig schwarz *(H. gracilis)*, sondern meistens gelb gefleckt oder längs der Oberlippe gelb oder weiss gesäumt *(H. pelamis, H. microcephala, H. pachycercus, H. hybrida)*. Eine gewisse Regelmässigkeit in Bezug auf die gelben Kopfschilderflecken bemerkt man bei *H. annulata*, welche Art sich ausser ihren schwarzen Körperringen durch eine gelbe hufeisenförmige, vorn geschlossene Binde leicht von der sehr verwandten *H. pelamidoides* unterscheiden lässt.

Bei denjenigen Arten, die überhaupt in der Jugend vollständige Ringe einer dunkleren Farbe zeigen, sind diese am Schwanz auch im Alter meistens geschlossen, und ausserdem häufig unten zu einem schwarzen Saume vereinigt. Fehlt dieses Merkmal, so ist wenigstens an jeder Seite der Schwanzspitze ein schwarzer, unregelmässiger Flecken vorhanden, der selbst da nicht fehlt, wo eine andere als Schwarz die Farbe der dunklen Rückenflecke ist *(H. pelamidoides)*.

Zweiter Theil.

Systematische Beschreibung der Meerschlangen.

Familiencharakter.

Kopf nicht oder wenig abgesetzt vom Rumpf. Höhendurchmesser des Körpers beträchtlicher als der Querdurchmesser. Schwanz kurz, höchstens 1/8 der Totallänge, stark seitlich zusammengedrückt, hoch, mit oberer und unterer Kante, am Ende mit einer grossen, dreieckigen Schuppe. Augen klein, höchstens dreimal im Interorbitalraum enthalten, mit runder Pupille. Oberseite des Kopfes mit Schildern gedeckt. Kein Frenalschild. — Bauchschilder klein, nicht so breit wie 1/4 des Körperumfangs, oder ganz fehlend. — Erster Zahn des Oberkiefers länger als die übrigen, isolirt, mit einer Furche an der Vorderfläche und einem inneren, für das Sekret einer Giftdrüse bestimmten Längskanal. Hinter dem Giftzahn ein oder mehre (1—14) kleine, solide, oft an der Vorderfläche gefurchte Oberkieferzähne. — Aufenthaltsort: Das Meer an den tropischen Küsten Asiens und Australiens. — Nahrung: Wirbellose Thiere und kaltblütige Wirbelthiere.

I. Gattung: ***Platurus*** Latreille.

Kopf klein, platt, nicht abgesetzt. Körper fast walzenförmig, wenig höher als breit. — Nasalschilder seitlich, durch ein Paar normal gebildeter Internasalschilder von einander getrennt. Nasenlöcher seitlich, nahe am unteren Rande der Nasalschilder. Mundwinkel nicht heraufgezogen; Lippenrand nicht eingezogen [1]). Schuppen dachziegelartig, rhombisch, glänzend. Bauchschilder (in seitlicher Richtung) breiter als $\frac{1}{6}$ des übrigen Körperumfangs; Schwanz mit grossen, hochgestellten sechseckigen Schuppen, deren hintere Ecken zu einer Curve abgerundet sind. Hinter dem Giftzahn des Oberkiefers und dessen Ersatzzähnen steht ein sehr kurzer, schwacher, solider Zahn auf der Kante des Oberkiefers [2]).

1. Art. *Platurus fasciatus* Latr.

Synonymie [3]). *Coluber laticaudatus* Linn. Mus. Princip. Adolphi Friderici. 1754. Tab. 16, Fig. 1. — *Laticauda scutata* Laurenti Synops. Rept. 1768. Pag. 109, No. 240. — *Coluber laticaudatus* Thunberg Acad. Upsal. 1787. Pag. 11. — * *La queue plate* Lacépède Hist. nat. d. Serpens. 1788. T. 1. — * *Hydrus colubrinus* Schneider [4]) Hist. Amphib. 1799. Fasc. 1, Pag. 238. — * *Colubrinus hydrus* Shaw, Gener. Zool. 1802. III, Pag. 536, Tab. 123. — *Platurus fasciatus* Latr. Rept. 1802. Vol. IV, Pag. 185. — * *Plature fascié* Daudin Rept. 1803. Tom. VII, Pag. 226, Pl. 85. — *Platurus fasciatus* Merrem. System. Amphib. 1820. Pag. 142. — * *Platurus laticaudatus et colubrinus* Wagler System. d. Amphib. 1830, Pag. 166. — * *Hydrophis colubrinus* Schleg. Essai. Pag. 514, Taf. 18, Fig. 18—22; Fauna Japonica Tab. 10. — * *Hydrophis colubrina* Cuvier Règne animal. illust. 1846. Duvernoy. Rept. Pl. 36. —

1) Die Angabe Schlegel's (Essai Pag. 515): „*Les bords des lèvres sont rentrans comme dans les autres Hydrophides*" kann ich nicht bestätigen.

2) Der Besitz eines soliden Zahns hinter dem Giftzahn des Oberkiefers wird von allen Autoren der Gattung *Platurus* abgesprochen; in der That ist derselbe auch so schwach, und lös't sich von der Kante des Oberkiefers so leicht ab, dass es selbst bei einiger Uebung nur gelingt, sich von seinem Dasein zu überzeugen, wenn man den Kopf unter Wasser und unter Anwendung einer 4—6fachen Vergrösserung präparirt. Dieses solide Zähnchen ist in Verhältniss zu seiner Länge stärker an seiner Basis als der Giftzahn, und von seiner Mitte an unter stumpfem Winkel nach hinten gekrümmt. Bei 8—10facher Vergrösserung überzeugt man sich von einer feinen, an seiner Vorderfläche gelegenen Längsfurche. — Durch seinen Besitz schliesst sich *Platurus* nicht sowohl der Gattung *Elaps*, wie bisher behauptet wurde, als vielmehr der Gattung *Naja (N. tripudians)* an.

3) Diejenigen Werke, die mir selbst zur Vergleichung zu Gebote standen, sind mit einem * bezeichnet.

4) Mit Unrecht führt Duméril unter den Synonymen dieser Art auch Schneider's *Hydrus fasciatus* auf, von welchem letzteren dieser genaue Beobachter nicht die breiten Bauchschilder, wie bei seinem *H. colubrinus*, wohl aber mehre hinter dem Giftzahn stehende solide Zähne erwähnt. Aus letzterem Umstande muss wohl auf *Aipysurus laevis* geschlossen werden, welche Ansicht noch durch Schneider's Angabe bestätigt wird, dass die Nasenschilder grösser, die Nasenlöcher höher gelegen seien, als gewöhnlich.

**Laticauda scutata* Cantor Catal. of Rept. 1847. Pag. 125. — **Plature à bandes* Duméril Erpétolog. générale. VII, 2, Pag. 1321 [1]).

Unter den Beschreibungen und Abbildungen, die mir zur Vergleichung zu Gebote standen, ist die beste Beschreibung von Schlegel (Essai l. l.), die beste Abbildung von Duvernoy (Cuv. Régne animal. l. l.).

---

1. **Allgemeine Körperform.** Körper überall fast walzenförmig, mit schwach dachförmig gewölbter Rückenfläche. Vorderende wenig schlanker als der übrige Körper (die Höhe am Hals nahe dem Kopf beträgt mehr als die Hälfte der grössten Rumpfhöhe). Die grösste Höhe des Körpers liegt im zweiten Drittheil und verhält sich zu dem an demselben Punkt liegenden Querdurchmesser = 5 : 4. Keine Neigung zu spiraliger Eindrehung. Kopf klein, platt; Orbitalfläche von der Stirnfläche in einer stumpfen Kante abgesetzt, wodurch Augen und Nasenlöcher ihre ganz seitliche Stellung erhalten. Schnautze vorn abgerundet, wenig vorragend. Schwanz vom Grunde an allmählich abgeplattet.

2. **Kopfschilder** fest, glatt. — Rostralschild wenig höher als breit, unten ausgerandet, in dem unteren Ausschnitt drei kleine Vorsprünge, von denen der mittelste der grösste. — Internasalschilder fast dreieckig, mit der Spitze auf dem Rostralschilde ruhend. — Nasalschilder länglich, nach vorn spitzer. — Praefrontalschilder höchstens in einem Punkt mit dem dritten Oberlippenschilde in Berührung, sonst von ihm durch das Zusammentreffen von Nasal- und Praeocular-Schild getrennt. Aeussere vordere Ecke der Praefrontalschilder an die Seitenfläche herabgebogen. — Frontalschild fast viereckig; die beiden vorderen, unter stumpfem Winkel zusammenstossenden Kanten fast halb so lang, als die hinteren, welche unter spitzem oder rechtem Winkel convergiren. — Supraocularschild fast ebenso breit als lang. Ein Prae-, zwei Post-Ocularschilder. — Drittes und viertes Oberlippenschild mit dem Auge in Berührung. Sechstes Oberlippenschild nicht an das Parietalschild stossend. — Kinnschild vertikal stehend, klein, ein gleichschenkliges Dreieck. Erstes Paar Unterlippenschilder klein, schmal, hinter dem Kinnschilde an der Kehlfurche zusammenstossend. Letztere ausserdem von zwei Paaren symmetrischer Kehlfurchenschilder begrenzt.

3. **Schuppen** gross (bei dem hambg. Exempl. in 19 Längsreihen), rhombisch oder quadratisch, mit freier, hinten abgerundeter Spitze, alle von

---

1) Mit Unrecht führt Duméril auch Schmidt's *Thalassophis anguillaeformis* als Synonym auf, die vielmehr, wie unten gezeigt werden wird, mit *Aipysurus laevis* Lacép. identisch ist.

gleicher Grösse, ganz glatt, ohne Tuberkeln, Kiele oder Vertiefungen. Schwanzschuppen in vier Längsreihen [1]).

4. Bauchschilder. Nach fünf (Schlegel) bis sieben (hamb. Exempl.) Reihen rhombischer Kehlschuppen, von denen die mittleren etwas grösser sind, beginnt die bis zum After verfolgbare Reihe von Bauchschildern. Diese sind breit (in seitlicher Richtung etwa ⅕ des übrigen Körperumfangs, glatt, ohne Tuberkeln und Spitzen. Von der zweiten Hälfte der Körperlänge an erscheinen sie (bei dem hambg. Exempl.) wie umgeknickt und bilden so eine zwar sehr schwache, jedoch bis zum After verfolgbare Bauchkante.

5. Oberkieferzähne. Der Giftzahn ist durchbohrt und mit vorderer Längsfurche versehen. Hinter ihm auf der Kante des Oberkiefers steht ein sehr schwacher, solider, vorn leise gefurchter Zahn (vgl. die Note 2 Pag. 28).

6. Farbe. Oben bläulich grün, unten gelb. Zahlreiche (bei dem hambg. Exempl. 63) schwarze vollständige Querringe, wenig breiter, als die zwischen ihnen liegenden hellen Zwischenräume, am Bauch wenig schmaler als am Rücken. Kopf oben schwarz, mit einer vorn geschlossenen, hufeisenförmigen Binde, welche von den Augen aus durch die Supraocular-, Praefrontal- und Internasalschilder geht; auf dem Nacken eine hellgelbe Querbinde, welche unter dem Halse nicht zusammenschliesst. Längs der Kehle eine schmale gelbe Längsbinde. Schwanz mit abwechselnden schwarzen und gelben Querringen, von denen die ersteren doppelt so breit sind als diejenigen des Körpers. Schwanzspitze gelb.

Ausser dieser, den meisten Exemplaren eigenen Färbung werden von Duméril noch zwei Varietäten unterschieden, denen von Einigen (Schneider, Reinwardt) der Werth wirklicher Arten beigelegt wird, während Schlegel (*Essai II.* Pag. 516) sie (wie auch den *Aipysurus laevis* Lacép.) nur für individuelle Abänderungen hielt.

a) *Varietas colubrina* Dum. — *Hydrus colubrinus* Schneid. (Histor. Amph. fasc. I, Pag. 238). — Schnautze und Schwanzspitze schwarz. Die dunklen Querbinden am Rücken fast doppelt so breit, als die hellen Zwischenräume, am Rumpfe nicht zu vollständigen Ringen unter dem Bauche zusammenschliessend.

b) *Varietas semifasciata* Dum. — *Platurus semifasciatus* Reinwardt. — Schwanzspitze weiss; dunkle, durch breite Zwischenräume getrennte Querbinden, welche am Bauche nicht zu vollständigen Ringen zusammenschliessen.

---

1) Bei dem hamb. Exemplar. — Duméril giebt diese Zahl nur der *Varietas colubrina*, während er bei dem ächten *Platurus fasciatus* beständig fünf Längsreihen gefunden haben will.

7. **Fundort:** Chinesisches und Indisches Meer. Aus letzterem stammt das Exemplar des hamb. Museums.

8. **Maasse**[1]) (nach einem Exemplar der hamb. Sammlung).

Totallänge.	Schwanz.	Grösste Höhe.	Dicke.	Höhe am Halse.	Grösste Höhe des Schwanzes.	Dicke des Schwanzes an der Wurzel.	Dicke des Schwanzes in der Mitte.	Kopfschilderraum.	Interorbitalraum.	Längsreihen von Schuppen.	Bauchschilder.	Schwarze Querringe.
0,686	0,060	0,015	0,013	0,009	0,013	0,006	0,003	0,013	0,008	19	7 + 241	59 + 4

Schlegel fand bei drei von ihm gemessenen Exemplaren des niederländischen Reichsmuseums (die wir mit α, β, γ bezeichnen wollen) die Totallänge von $\alpha = 1{,}20$; $\beta = 1{,}00$; $\gamma = 0{,}90$; die Schwanzlänge von $\alpha = 0{,}10$; $\beta = 0{,}11$; $\gamma = 0{,}12$. — Bauchschilder wurden gezählt: von **Schlegel** 198 und 242; von **Schneider** 220; von **Linné** 220. — **Schlegel** giebt 23 Längsreihen von Schuppen an.

II. Gattung: *Aipysurus* Lacépède.

Kopf klein, rundlich, nicht abgesetzt. Körper mässig zusammengedrückt (grösste Höhe nicht 1½ Mal so stark als der an demselben Punkt gemessene Querdurchmesser). — Nasalschilder vertikal, in grader Linie an einander stossend; jedes derselben breiter oder eben so breit als lang. Nasenlöcher vertikal, nahe dem äusseren Rande der Nasalschilder. Keine Internasalschilder. — Mundwinkel nicht heraufgezogen, grade [2]). Schuppen mit freier Spitze, rhombisch, spiegelnd, mit einem, mehren oder ohne alle Tuberkeln, nie mit Vertiefungen. Bauchschilder (in seitlicher Richtung) breiter als ⅛ des übrigen Körperumfangs, entweder mit einem, mehren oder ohne alle Tuberkeln, nie mit Vertiefungen. Schwanz mit grossen, hochgestellten, sechseckigen Schuppen.

---

1) Nach französischem (Meter) Maass. — Die Dicke des Körpers ist hier, wie überall später, an dem Punkt der grössten Höhe gemessen. — Der Kopfschilderraum begreift die Entfernung der Schnautzenspitze bis zum Ende der Parietalschilder.

2) Von **Tschudy** giebt seiner Art einen „rasch gegen das Hinterhaupt emporsteigenden Maulwinkel", den ich jedoch sowohl an dem Exemplar der berliner Sammlung, als auch an Tschudy's Abbildung vermisse.

Hinter dem Giftzahn [1]) des Oberkiefers mehre äusserst feine, hakenförmig gekrümmte Zähne in einer bis zum Mundwinkel sich erstreckenden Reihe.

Nach den bisherigen Beschreibungen und Abbildungen ist es unmöglich, schon jetzt eine endgültige Entscheidung über die Berechtigung der drei bisher aufgestellten Arten zu geben. Durchgreifende Unterschiede sind, wie es scheint, nur in Bezug auf die Farbe, so wie auf die Zahl und die Bewaffnung der Schuppen wahrzunehmen, und auch von diesen Merkmalen ist nach den Erfahrungen an anderen Seeschlangen Farbe und Schuppenzahl nur mit sehr grosser Vorsicht zu benutzen. Indem wir in Bezug auf die übrigen Merkmale (Theilung der Kopfschilder, Form und Bewaffnung der Bauchschilderkante) auf unsere Anmerkung am Fusse dieses Artikels verweisen, beschränken wir uns auf eine kurze Charakteristik der drei bis jetzt unterschiedenen Arten, von denen die zweite uns nur aus Duméril's kurzer Beschreibung bekannt ist, nach jenen drei erst genannten Merkmalen. Es muss dahin gestellt bleiben, ob nicht eine Vergleichung vieler Exemplare dahin führen wird, auch diese Zahl später zu beschränken.

1. Art. *Aipysurus laevis* Lacépède.

* *Hydrus fasciatus* Schneider Histor. Amph. Fasc. I, Pag. 240 (Vergl. die Note zur Synonymie von *Platurus fasciatus* Pag. 28). — * *Aipysure lisse* Lacépède Annales du Mus. d'hist. natur. Tom. IV, Pag. 197, Pag. 210, Pl. 56, Fig. 3. — Merrem Syst. d. Amphib. Pag. 140. — * *Thalassophis anguillaeformis* Schmidt Beitr. z. ferneren Kenntn. d. Meerschlangen in den Abhandl. a. d. Gebiete d. Naturwissensch. herausg. v. d. Naturwiss. Verein in Hamburg II, 2, Pag. 76, Taf. 1. — * *Thalassophis muraenaeformis* Schmidt l. l. Pag. 77. — *Tomogastre d'Eydoux* Guichenot Reptil. du voyage au pôle et dans l'Oceanie des Corvettes *l'Astrolabe* et la Zelée Pag. 21, Pl. 6. — * *Aipysure lisse* Duméril *Erpétologie générale* VII, 2, Pag. 1326, Pl. 77 b, Fig. 4.

Die beste mir bekannte Abbildung ist diejenige von Schmidt l. l. Die Diagnose erstreckt sich jedoch auch auf individuelle Abweichungen.

Schuppen glatt ohne alle Tuberkeln, in 17 Längsreihen am höchsten Theil des Körpers. Braune, bis über die Mitte der Seiten herab sich erstreckende unregelmässige Querbinden. Einzelne Rücken- und Seitenschuppen gelb, schwarz

---

1) Von dem inneren Giftkanal des Giftzahns, den zuerst Lacépède, dann Fitzinger in Abrede stellte, und dessen Dasein neuerdings von Schmidt bezweifelt wurde, habe ich mich durch wiederholte Untersuchungen an *Aipysurus laevis* überzeugt. Auch von Tschudy hat schon 1837 an seiner *Stephanohydra fusca* einen durchbohrten Giftzahn nachgewiesen.

gesäumt. Bauch hellgelb. Hinter dem Giftzahn zehn sehr feine, hakenförmig nach hinten gebogene solide Zähne.

Fundort: Indisches und Chinesisches Meer.

2. Art. ***Aipysurus fuliginosus*** Duméril.

* Duméril Erpétologie générale VII, 2, Pag. 1327, Pl. 77 b, Fig. 1—3.

Schuppen glatt in 21 Längsreihen. Körper ganz einförmig dunkelbraun. (Nach Duméril.) Zähne?

Fundort: Das einzige Exemplar des pariser Museums ist von Neu-Caledonien.

3. Art. ***Aipysurus fuscus*** Tschudy.

* *Hydrophis pelamidoides* Variet. Schlegel[1]) Essai Pag. 513. — * Abbildungen neuer u. unvollst. bekannter Amphibien Pag. 115. — * *Stephanohydra fusca* Tschudy Wiegm. Arch. 1837 Pag. 331 ff., Taf. VIII, Fig. 1—4.

Mittlere Rückenschuppen glatt. Seiten und Bauchschuppen je mit drei und mehr (nach Tschudy mit einem) Tuberkeln, von denen eines merklich grösser als die übrigen; 19 Längsreihen am höchsten Theil des Körpers. Farbe überall einförmig dunkelbraun. Hinter dem Giftzahn acht (nach Tschudy) kleine, solide Zähne.

Fundort: Indisches Meer.

Maasse der bisher beschriebenen *Aipysurus*-Arten.

In den folgenden Angaben bezeichnet α dasjenige Exemplar des hamb. Museums, das früher von Schmidt l. l. als *Thalassophis muraenaeformis*, β dasjenige, das von demselben Autor als *Thalassophis anguillaeformis* beschrieben wurde. γ ist das Exemplar des Königl. Zool. Mus. zu Berlin von *Aipysurus fuscus;* δ dasjenige derselben Art, das der Tschudy'schen Messung zu Grunde gelegen (die in Pariser Zollen gemachten Angaben dieses Autors sind hier in Meter-Maass übertragen, wobei 1 Toise = 6′ = 1,94903634 Meter angenommen wurde). ε bezeichnet das Exemplar der pariser Sammlung, das Duméril's Beschreibung von *Aip. fuliginosus* zu Grunde gelegen.

1) Nach Schlegel soll ferner das Exemplar der pariser Sammlung, worauf Duméril später seinen *Acalyptus superciliosus* gründete, mit der Tschudy'schen Abbildung von *Stephanohydra fusca* vollständig übereinstimmen. Damit lässt sich nicht zusammenreimen, dass Duméril von jenem Exemplar die geringe Breite der Bauchschilder ausdrücklich hervorhebt, die dagegen bei dem berliner Exemplar von *Aip. fuscus* ganz mit der Breite bei den übrigen *Aipysurus*-Arten übereinstimmt. Duméril sagt: *Il n'a pas de gastrostèges.*

	Totallänge.	Schwanz.	Grösste Höhe.	Dicke.	Höhe am Halse.	Grösste Höhe des Schwanzes.	Dicke des Schwanzes an der Wurzel.	Dicke des Schwanzes in der Mitte.	Kopfschilderraum.	Interorbitalraum.	Bauchschilder.	Längsreihen von Schuppen.
α	0,578	0,073	0,023	0,017	0,010	0,015	0,008	0,005	0,016	0,008	7 + 136	17
β	0,585	0,071	0,026	0,019	0,011	0,017	0,008	0,004	0,017	0,009	5 + 143	17
γ	0,777	0,115	0,028	0,019	0,015	0,024	0,009	0,006	0,019	0,010	165	19
δ	0,8256	0,1218	—	—	—	0,0259	—	—	—	—	—	—
ε	0,480	0,070	—	—	—	—	—	—	—	—	148	21

Ausser den unter δ angeführten Dimensionen macht v. Tschudy über die dritte Art noch folgende Angaben: Länge des Kopfes = 9⅚‴ (= 0,02218 Mm.); Breite des Kopfes vor den Augen = 5½‴ (= 0,0124 Mm.): Umfang des Leibes bei seiner grössten Dicke = 3″ 4‴ (= 0,0902 Mm.); Höhe des Leibes beim After = 9¼‴ (= 0,0209 Mm). — Das Exemplar, wonach Lacépède die Art *Aipysurus laevis* gründete, war 1,290 Mm. lang; sein Schwanz betrug ⅛ des Rumpfes. Lacépède zählte 151 Bauchschilder. Duméril macht nach einem Exemplar derselben Art folgende Angaben: Totallänge 0,650 Mm.; Schwanz 0,100 Mm.; 139 Bauchschilder; 17 Längsreihen von Schuppen.

Anmerkung. Von der ersten Art *(A. laevis)* besitzt, wie oben bemerkt, das hamburger Museum zwei Exemplare. Von der dritten Art war mir durch die Güte des Herrn Prof. Lichtenstein das Exemplar der berliner Sammlung zur Vergleichung zugänglich gemacht worden. Dieses stimmt mit der vortrefflichen Beschreibung und Abbildung, die von Tschudy von seiner *Stephanohydra fusca* in Wiegmann's Archiv 1837 gegeben, so vollkommen überein, dass ich es für das dieser Art zu Grunde liegende Originalexemplar halten müsste, wenn nicht die Maasse verschieden wären. Uebrigens ward ich in der Vermuthung jener Identität noch durch den Umstand bestärkt, dass sowohl das Tschudy'sche Original-Exemplar, als auch das Exemplar des berliner Museums von Hrn. Prof. Schönlein herrührten. Letzteres ist gross, und gewiss für ausgewachsen zu halten; leider fand ich sowohl das Gebiss, als den grössten Theil der Epidermis zerstört.

Bei den verschiedenen, bisher beobachteten Exemplaren von *Aipysurus* geben sich folgende Verschiedenheiten in Bezug auf die Hauptcharaktere zu erkennen:

1. Kopfschilder. Die Neigung zu Theilungen und zur Bildung accessorischer Schilder ist so gross, dass man, wenn man diese als Artcharakter gelten lassen wollte, wie es von Tschudy, Schmidt und Duméril geschehen, fast aus jedem Exemplar eine neue Art zu machen genöthigt wäre. — a) Eins unserer Exemplare der ersten Art (Schmidt's *Thalass. muraenaeformis)* hat normal gebildete Kopfschilder ohne alle Theilungen und Einschnitte, vgl. die Abbildung in dem angeführten Werk. Hier sind vorhanden: Ein Rostral-, ein Frontalschild, ein Paar Nasal-, ein Paar Praefrontal-, ein Paar Parietalschilder; jederseits ein Praeocular-, zwei Postocular-, sechs Oberlippen-, sechs Unterlippenschilder. Frenalschild und besondere Internasalschilder fehlen. — b) Bei dem zweiten unserer Exemplare (Schmidt's *Thal. anguillaeformis)* sind alle übrigen Schilder ungetheilt, aber die Praefrontalschilder je in zwei kleinere Schilder zerfallen. Mit auf diese Theilung, die sich als eine solche durch eine Vergleichung mit dem unter a erwähnten Exemplar sofort zu erkennen giebt, begründete Schmidt jene zweite Art (l. l. Pag. 76; Abbildung des Kopfes Taf. 1, Fig. 1). — c) Ein von Duméril (l. l. Pl. 77 b, Fig. 4) abgebildeter Kopf von *Aipysurus laevis* zeigt ebenfalls eine Theilung der Praefrontalschilder je in zwei Theile, jedoch in anderer Weise als das unter b erwähnte Exemplar des hamb. Museums. Während bei letzterem die inneren Theilungsstücke grösser sind als die äusseren, ist in Duméril's Abbildung das Umgekehrte der Fall. Diese Theilung scheint Duméril nicht als solche angesehen zu haben: in den Worten: *„les frontales antérieures sont très petites"* nimmt dieser Autor die zwei inneren abgetrennten Theilstücke dieser Schilder für die eigentlichen Praefrontalschilder, in welchem Falle die zwei äusseren Theilstücke als Frenalschilder gedeutet werden müssten. Letzterer erwähnt Duméril gar nicht. Nach den unter a und b erwähnten Formen ist diese Deutung unzulässig. — Ausserdem ist, nach der Abbildung

Duméril's, auch jedes der Parietalschilder in zwei Hälften getheilt; auch dieser Theilung erwähnt dieser Forscher nicht; derselbe benutzt vielmehr eine ähnliche Theilung mit zur Begründung seiner zweiten Art *Aipysurus fuliginosus*. — c) Das dieser neuen Art zu Grunde liegende Exemplar ist in der *Erpétologie générale* Pl. 77 b abgebildet. Der Kopf (Fig. 2) zeigt ein accessorisches Schildchen vor dem Frontalschilde, indem sich offenbar dessen vordere Spitze durch einen Einschnitt vom eigentlichen Schilde getrennt hat. Diese Theilung wird indessen auch bei anderen Seeschlangen zu oft als ganz individuelle Abänderung wahrgenommmen (ich habe sie bei mehren Exemplaren von *Hydrophis pelamidoides* und *H. schistosa* beobachtet), als dass es räthlich sein könnte, darin mit Duméril einen Artcharakter zu finden. Jedes Supraocularschild jenes Exemplars ist ferner in zwei, jedes Parietalschild in drei Theile quergespalten, lauter Abweichungen, die von Duméril als Artmerkmale benutzt werden. Zugleich erwähnt dieser Forscher hier eine Theilung des Vorderaugenschildes in drei, der Hinteraugenschilder in vier Theile. Von den das Auge unterhalb begrenzenden Oberlippenschildern haben sich zwei besondere Unteraugenschilder getrennt. — d) Noch auffallendere Theilungen zeigt Tschudy's oben citirte Abbildung von *Aipys. fuscus* und das dieser Art angehörige Exemplar der berliner Sammlung: α) Jedes Praefrontalschild ist in zwei Theile gespalten, indem sich der äussere, kleinere, auf den Oberlippenschildern ruhende Theil als selbstständiges Schildchen (von Tschudy als Frenalschild gedeutet) davon abgetrennt hat, ganz ähnlich wie bei dem unter b erwähnten Falle. β) Vom eigentlichen Frontalschilde haben sich vorn noch zwei kleinere unregelmässige Schilder (das linke bei dem berliner Exemplar nur unvollständig) abgelöst. γ) Jedes Supraocularschild ist der Quere nach in zwei Theile; δ) jedes Parietalschild der Länge nach in zwei Theile zerfallen. Durch diese Theilungen der Praefrontal-, der Supraocular- und der Parietalschilder erscheint das Frontalschild wie von einem Kranze kleinerer Schilder umgeben, ein Umstand, von dem von Tschudy seinen Gattungsnamen *Stephanohydra* herleitete. ε) Das Praeocularschild hat sich in zwei, die Postocularschilder zusammen in drei Theile gespalten. ζ) Diese Theilungen erstrecken sich sogar auf die Lippenschilder: Aus den zwei ersten Oberlippenschildern sind bei dem berliner Exemplar links sieben, rechts sechs kleine Schilder geworden.

Unsere Vermuthung, dass diese und ähnliche Theilungen mehr den Werth individueller Abweichungen, als den wirklicher Artcharaktere haben, stützt sich eines Theils darauf, dass sie oft nur unvollkommen, oft auch auf beiden Seiten unsymmetrisch ausgeführt sind (vgl. die unter β und ε im letzten Falle d angeführten Beispiele); dann aber auch vornehmlich darauf, dass fast jedes bisher beschriebene *Aipysurus*-Exemplar wieder andere Theilungen zeigt, und dass selbst solche Individuen, die unzweifelhaft derselben Art angehören, in der Theilung der Kopfschilder von einander abweichen (vgl. die unter a, b und c namhaft gemachten Beispiele von *Aipysurus laevis*). Es ist nicht unwahrscheinlich, dass bei noch anderen Exemplaren wiederum andere Theilungen vorkommen. Soviel geht jedenfalls aus unserer Darlegung hervor, dass man in der Benutzung solcher Abweichungen sehr vorsichtig zu verfahren hat, und dass es unzulässig sein dürfte, auf dieselben besondere Arten zu begründen, wenn nicht noch andere wesentlichere Merkmale dies gebieten. — Noch gewagter erscheint es, Gattungen darauf zu gründen, wie dies durch Tschudy (*Stephanohydra*) und Duméril (*Acalyptus*) geschehen.

2. Schuppen. Bei allen bisher beobachteten Exemplaren sind die Schuppen gross, rhombisch oder quadratisch, mit freier hinterer Spitze, spiegelnd. Ihre Zahl und ihre Bewaffnung bieten jedoch Verschiedenheiten dar, die hinreichend wichtig zu sein scheinen, um zur Unterscheidung der Arten benutzt werden zu können. — a) Unsere beiden Exemplare von *Aipysurus laevis* zählen am stärksten Theil des Körpers 17 Längsreihen vollkommen glatter Schuppen. Dieselbe Zahl wird von Duméril für die pariser Exemplare dieser Art angegeben, von denen ebenfalls keine Tuberkeln erwähnt werden. Da alle diese Exemplare ferner, wie später dargethan werden wird, auch in der Färbung vollkommen übereinstimmen und in diesem Merkmal von denjenigen abweichen, die eine andere Zahl und Bewaffnung der Schuppen zeigen, so dürfte wohl dem Besitz von „17 Längsreihen vollkommen glatter Schuppen“ mit ziemlicher Sicherheit der Werth eines Artcharakters für *Aipysurus laevis* beizulegen sein. — b) Das Originalexemplar von Duméril's *Aipysurus fuliginosus* hat, wie die vorigen, ebenfalls vollkommen glatte, aber etwas kleinere Schuppen, da dieselben nach Duméril's Zählung in 22 Längsreihen geordnet sind. — c) Das Exemplar des berliner Museums von *Aipysurus fuscus* zeigt an denjenigen Stellen des Körpers, an denen die Epidermis unverletzt geblieben ist, eine auffallende Verschiedenheit. Hier sind nämlich nur die mittleren Rückenschuppen ganz glatt; alle Seiten- und Bauch-Schuppen dagegen haben ein stärkeres und ausserdem mehre schwächere Tuberkeln, welche letztere jedoch erst bei schwacher Vergrösserung vollkommen deutlich werden. Tschudy erwähnt an seiner *Stephanohydra fusca* nur eines hervorragenden Punktes auf den Seitenschuppen, ohne die schwächeren anderen Tuberkeln zu berühren. Auch bei dieser Art indessen wird der spiegelnde Glanz der Schuppen durch diese kleinen Erhabenheiten nicht beeinträchtigt. Die Zahl der Tuberkeln ist schwankend. Auf einigen Schuppen finden sich drei in einem Dreieck um das mittlere stärkere geordnet, auf anderen beobachtet man fünf oder

mehr; meist aber sind sie so geordnet, dass ein schwächeres Tuberkel in grader Längslinie vor dem erwähnten stärkeren steht. Die Schuppen, welche seitlich die Bauchschilder begrenzen, zeigen diese Tuberkeln am deutlichsten.

3. Bauchschilder. Alle Exemplare stimmen in der gegen andere Hydrophiden ansehnlichen Breite der Bauchschilder, welche überall ⅓ und mehr des übrigen Körperumfangs beträgt, überein. Ebenso in der Eigenthümlichkeit, dass die Bauchschilder in der Mitte mit einer hervorragenden Kante versehen sind, und der Länge des Körpers nach wie umgeknickt erscheinen. In Bezug auf diese Kante selbst wurden folgende Verschiedenheiten beobachtet: a) Bei einem unserer Exemplare von *Aipysurus laevis* (Schmidt's *anguillaeformis*) ist dieselbe durchaus nicht scharf vortretend; die Kante der Bauchschilder nimmt sich vielmehr aus, wie die Falte in einem zusammengeknickten und dann wieder ausgebreiteten Tuche. — b) Bei dem zweiten unserer Exemplare (Schmidt's *muraenaeformis*) sind die Bauchschilder der zweiten Körperhälfte ganz wie bei dem ersten gebildet; an der ersten Hälfte dagegen hat jedes Schild in der Mitte seiner Breite, nahe seinem hinteren Rande, einen kleinen nach hinten gerichteten spitzen Stachel. Dieser hat eine schwarz gefärbte Spitze, ist horniger Natur und wird nur von der Epidermis gebildet. Wo letztere weggenommen wird, zeigt die darunter liegende Haut nur eine sehr schwache, kaum mit blossem Auge erkennbare Erhöhung. Die Bauchkante der ersten Körperhälfte ist dadurch sehr scharf gezähnt. — c) Bei dem von Duméril unter dem Namen *Aipysurus fuliginosus* aufgeführten Exemplar erscheint nach der Abbildung (l. l. Pl. 77 b, Fig. 3) die Bauchkante höher und stärker als in dem oben unter a aufgeführten Falle, ohne dass jedoch, wie bei b, eine Bewaffnung mit wirklichen Stacheln erwähnt würde. — d) Ob solche Stacheln den beiden anderen pariser Exemplaren (*Aip. laevis*) ebenfalls zukommen, ist aus Duméril's Beschreibung nicht mit Sicherheit zu entnehmen, doch nennt dieser die Bauchschilder: „*pliées sur elles-mêmes et comme dentelées en scie.*" — e) Die auffallendste Bewaffnung zeigt das berliner Exemplar von *Aipysurus fuscus*. Hier ist jedes Bauchschild anfangs mit 3—4, weiter nach hinten sogar mit 8—10 Tuberkeln versehen, von denen einige, die kleinsten, ziemlich unregelmässig vertheilt sind, während die meisten längs des hinteren Randes jedes Bauchschildes in einer dem letzteren parallelen und wie dieser leicht eingebogenen Linie geordnet sind. Vom zweiten Viertel der Körperlänge an stehen zwei viel stärkere Tuberkeln in der Mitte des hinteren Randes der Bauchschilder dicht neben einander, jederseits hart an der Bauchkante und tragen in ihrer Aufeinanderfolge sehr dazu bei, die Schärfe der letzteren zu erhöhen und ihr ein gesägtes Ansehen zu geben, sind jedoch stumpfer und schwächer, als die spitzen einfachen Stacheln unseres unter b erwähnten Exemplars. Von Tschudy, der das berliner Exemplar untersuchte, giebt an, dass der Kiel in der Mitte der Bauchkante nicht, wie ich es finde, von zwei benachbarten, sondern nur von einem erhabenen Punkte gebildet werde. — f) Ob dem Originalexemplar, worauf Lacépède sein Genus *Aipysurus* und die Art *Aip. laevis* gründete, eine Bewaffnung der Bauchschilder eigen gewesen sei, wie das eben erwähnte berliner Exemplar sie zeigt, ist aus der schlechten Abbildung (Annal. d. Mus. IV, Pl. 56, No. 3) zwar nicht mit Bestimmtheit zu entnehmen, wird jedoch daraus wahrscheinlich, dass diese Figur in der Mitte der Bauchschilder nicht eine einfache, sondern eine doppelte Linie zeigt. Vielleicht tadelt also Duméril mit Unrecht diese sonst allerdings fehlerhafte Abbildung, wenn er sagt: „*le graveur a placé là un double trait, qui semblerait plutôt indiquer un sillon que la carène très-prononcée, qui est un caractère si remarquable de ces Platycerques*".

Aus der eben gegebenen Zusammenstellung folgt, dass es auch in Bezug auf die Bewaffnung der Bauchschilder fast ebenso viele Verschiedenheiten giebt, als Exemplare bekannt sind. Individuen, die bestimmt derselben Art angehören (vgl. unter a und b), zeigen sehr grosse Abweichungen. Diese Unterschiede also als Artmerkmale zu benutzen, wie es von den bisherigen Autoren geschehen, erscheint wenigstens in dem Falle sehr misslich, wenn keine andere wesentliche Unterschiede (zu denen nach dem Vorigen eine grössere oder geringere Theilung der Kopfschilder nicht zu zählen ist) hinzukommen.

4. Farbe. a) Die Färbung der beiden Exemplare des hamburgischen Museums von *Aipysurus laevis* ist vollkommen dieselbe. Die hellbraune Farbe des Rückens erstreckt sich etwas über die Mitte der Seiten in unregelmässigen Querbinden. Der Bauch ist gelb, einzelne Seitenschuppen gelb, schwarz gesäumt. — b) Aehnlich beschreibt Duméril die Färbung des einen seiner beiden Exemplare dieser Art (*Aipysurus laevis*), nur dass er in der Diagnose die Rückenfarbe nicht als braun, sondern als *gris cendré* definirt. Dieses „Aschgrau" des pariser Exemplars konnte ich mir lange nicht erklären, bis auch ich einst das Kaffebraun eines unserer beiden Exemplare sich in Silbergrau verwandeln sah, nachdem dasselbe nämlich zum Zwecke einer genaueren Untersuchung einige Stunden ausserhalb des Weingeists gelegen hatte. Offenbar war die Feuchtigkeit unter der Epidermis verdunstet, und dadurch der veränderte Strahlenreflex veranlasst. Ich muss demnach annehmen, dass auch das *gris cendré* jenes pariser Exemplars auf einer ähnlichen, vielleicht dauernd gewordenen, Umwandlung der normalen

braunen Farbe beruhe [1]). Von dem zweiten Exemplar dieser Art sagt Duméril: „*Le dos porte des taches brunes, comme effacées, formant des sortes de rhombes élargis en travers et n'atteignant pas le ventre*“, eine Beschreibung, die vollständig mit der Färbung unserer beiden Exemplare übereinstimmt. — c) Das dritte Exemplar des pariser Museums (*Aip. fuliginosus* Dum.) ist überall einfarbig dunkelbraun. — d) Dasselbe gilt von dem berliner Exemplar von *Aip. fuscus*. Diese letztere Art ist ausserdem durch Zahl und Bewaffnung der Schuppen hinreichend unterschieden.

III. Gattung: *Acalyptus* Duméril [2]).

(Beschreibung nach Duméril.)

Körper nur wenig zusammengedrückt. Schuppen quadratisch, mit sehr freiem hinteren Rande, leicht gekielt. Keine Bauchschilder. Kopf kurz, fast viereckig, statt des Frontalschildes und der Parietalschilder mit Schuppen bedeckt.

1. Art. *Acalyptus superciliosus* Duméril.

Duméril *Erpétologie générale* VII, 2, Pag. 1340.

1. Allgemeine Körperform. Kopf sehr kurz, fast ebenso breit als lang, Körper wenig zusammengedrückt; Schwanz in der Mitte merklich dicker, als an seinem freien dünnen Rande.

2. Kopfschilder. Ausser den in seiner Gattungs-Diagnose aufgeführten Merkmalen hebt Duméril nur hervor, dass die Supraocularschilder besonders gross seien und sich bis vor das Auge erstrecken.

3. Schuppen. Die von Duméril mitgetheilten Notizen über die Schuppen und Bauchschilder sind in der Gattungs-Diagnose berührt.

---

1) Bei besserer Berücksichtigung der deutschen Arbeiten würde Duméril diesen Fehler in der Diagnose vermieden haben. Auch von Tschudy sagt von seiner Art (*Aip. fuscus*): „Sie ist am ganzen Körper braun; scheint die Sonne auf sie, oder wird sie trocken, so „schillert sie ins Stahlblaue und hernach ins Silberweisse“.

2) Nur mit einigem Zweifel nehme ich diese Gattung auf, deren Hauptmerkmal auf der Theilung der Kopfschilder beruht; nach dem bei der Gattung *Aipysurus* über die Neigung zur Zerspaltung der Kopfschilder Gesagten wird dieser Zweifel gerechtfertigt erscheinen. Doch dürfte Schlegel's Ansicht, der das dieser Gattung zu Grunde liegende Exemplar gesehen, kaum die richtige sein. In seinem *Essai* (pag. 513) erklärt er dasselbe für eine krankhafte Abänderung von *Hydrophis pelamidoides*, in seinen Abbildungen pag. 115 für Tschudy's *Stephanohydra fusca*. Gegen ersteres spricht die dachziegelartige Lage der quadratischen Schuppen, gegen letzteres der Mangel der Bauchschilder.

4. Farbe. Braune fast rhombische Querbinden längs des Rückens, welche sich bis auf die Seiten herab verlängern, abwechselnd mit ähnlichen, vom Bauch an den Seiten heraufsteigenden. Der Zwischenraum zwischen beiden Reihen von Querbinden ist mit runden Flecken oder grossen Punkten besetzt.

5. Fundort: Das einzige Exemplar des pariser Museums ward von Péron aus Neu-Holland eingesandt.

6. Maasse. Duméril giebt folgende Maasse an: Totallänge = 0^m, 4; Schwanz = 0^m, 05; grösste Dicke = 0^m, 02; Länge des Kopfes = 0^m, 01; Höhe des Schwanzes = 0^m, 016.

IV. Gattung: *Astrotia* M.[1])

Körper robust, zusammengedrückt. Grösste Höhe des Rumpfes mehr als 1½ Mal stärker als der Querdurchmesser an demselben Punkt. Naslöcher vertikal im hinteren äusseren Winkel der Nasalschilder. Diese länger als breit, in grader Linie an einander stossend. Keine Internasalschilder. Mundwinkel heraufgezogen, Lippenrand eingezogen. Schuppen glanzlos, oval, sehr frei, dachziegelartig über die folgenden hinwegragend, gekielt. Bauchschilder fehlend oder kleiner als ⅛ des übrigen Körperumfangs. Schwanz in der Mitte seiner Höhe mit am Ende freien Rhombenschuppen. Hinter dem Giftzahn mehre kleine solide Oberkieferzähne.

1. Art. *Astrotia schizopholis*[2]) Schmidt.

Synonymen: **Hydrophis schizopholis* Schmidt Abhandlungen aus d. Gebiete der Naturwissensch. herausgeg. v. naturwissenschaftl. Verein in Hamburg 1846, I, Pag. 166, Taf. XIV, Fig. 1—7. — **Hydrophide schizopholide* Duméril Erpétologie générale VII, 2, Pag. 1357.

1. Allgemeine Körperform. Körper robust, erstes Drittheil nicht viel schlanker als der übrige Rumpf. Anfangs walzenförmig, dann stark zusammen-

---

1) Abgeleitet von *στρώννυμι*, pflastern, und dem *α privativum*.

2) Den Artnamen *schizopholis*, der richtiger *schistopholis* lauten würde, behalten wir bei, um die Synonymie nicht zu vermehren. Auch Duméril hat den vom Entdecker gegebenen Namen beibehalten.

gedrückt. Die grösste Höhe liegt in der Mitte der Körperlänge und verhält sich zur Breite an demselben Punkt = 2 : 1. Starke Neigung zu spiraliger Eindrehung. Kopf flach, breit (Interorbitalraum zum Kopfschilderraum = 4¼ : 7), seitlich nicht abgerundet, sondern die Orbitalfläche in stumpfer Kante gegen die Stirnfläche abgesetzt. Schnautze nicht schräge abfallend, wenig vorragend. Schwanz von der Wurzel an allmählich platt werdend.

2. Kopfschilder hart, im Alter mit vielen kleinen Poren. Rostralschild ganz an der Schnautzenspitze liegend, nicht höher als breit, unten mit drei Vorsprüngen, von denen der mittelste der grösste. Praefrontalschilder klein, das zweite Oberlippenschild nicht berührend. Parietalschilder gross, breit (Breite zur Länge = 2 : 3), ebenso breit, wie das Frontalschild lang ist. Ein Praeocular-, zwei Postocularschilder. Das dritte, vierte und fünfte Oberlippenschild mit dem Auge in Berührung. Kinnschild ein gleichschenkliges Dreieck, hinter dessen Spitze die Unterlippenschilder des ersten Paares an der Kehlfurche zusammenstossen. Letztere normal, von zwei Paaren symmetrischer Kehlfurchenschilder begrenzt.

3. Schuppen gross, oval, deutlich dachziegelartig, mit sehr freiem Ende, einige derselben, namentlich aus den zwei mittelsten Bauchreihen am freien Ende unregelmässig gespalten und eingeschnitten. Die Schuppen der zwei mittelsten Bauchreihen glatt, jede der übrigen Schuppen mit einem Längskiel, der meist in der Mitte unterbrochen und wie aus zwei Theilen gebildet ist. Die Schuppen der Seiten und des Bauches nicht merklich grösser, als die des Rückens. Schwanzschuppen rhombisch, auch mit freier Spitze, gekielt.

4. Bauchschilder. Eine Reihe eigentlicher Bauchschilder ist nicht vorhanden. Die zwei mittelsten Schuppenreihen des Bauches sind jedoch dadurch ausgezeichnet, dass sie nicht gekielt, am hinteren Ende oft eingeschnitten sind und in gleicher Höhe neben einander stehen, oft auch (z. B. am ersten Drittheil) auf ganz kurze Strecken zu kleinen, hinten ausgerandeten Bauchschildchen verschmelzen.

5. Farbe. Grundfarbe schmutzig gelb oder braun, mit unregelmässigen schwarzbraunen Querbinden, welche bis auf die Mitte der Seiten herabreichen, wo ihnen dann andere, mit ihnen abwechselnd, vom Bauche herauf begegnen. Bisweilen verschmelzen an einigen Stellen die Querbinden des Rückens mit denen des Bauches zu vollständigen, aber unregelmässigen Ringen, während beide an anderen Stellen ganz getrennt bleiben [1]). Kopf oben braun mit un-

1) So bei dem Exemplar der hamburger Sammlung. Von dem pariser Exemplar wird durch Duméril keine Verschmelzung der Rücken- und Bauch-Binden angegeben.

regelmässigen gelben Flecken auf Frontal-, Praefrontal- und Parietal-Schildern. Oberlippenschilder und die Unterseite des Kopfes gelb. Schwanz gelb mit breiten dunkelbraunen Querbinden.

6. Zähne. Giftzahn stark, mit innerem Giftkanal und vorderer Furche. Hinter demselben sechs mässig gekrümmte, solide Zähne, von denen die letzteren ein Wenig grösser werden. Unterkiefer mit 14 soliden, schwach nach hinten gekrümmten Zähnen.

7. Fundort: Das Exemplar des hamburger Museums, (Originalexemplar dieser von Schmidt entdeckten Art) stammt aus dem chinesischen Meer. Der Fundort des pariser Exemplars ist nicht bekannt; Duméril vermuthet, es stamme aus dem indischen Meere.

8. Maasse:

Totallänge.	Schwanz.	Grösste Höhe.	Dicke.	Grösste Höhe des Schwanzes.	Dicke des Schwanzes an der Wurzel.	Dicke des Schwanzes in der Mitte.	Kopfschilderraum.	Interorbitalraum.	Bauchschuppen.	Längsreihen von Schuppen.
1,019	0,148	0,055	0,028	0,033	0,016	0,009	0,028	0,017	9 + 228	51 + 2

Schmidt l. l. giebt diesem Exemplar eine Totallänge von 1,215, was ich nach wiederholter Messung nicht bestätigen kann. Die Messung längs der Rückenkante ergiebt 1,196, diejenige längs der viel kürzeren Bauchkante 0,795, ein Unterschied, auf dem die grosse Neigung zu spiraliger Eindrehung beruht. Unsere oben gegebene Messung (1,019) ist am oberen Drittheil der Rumpfhöhe angestellt.

V. Gattung: *Hydrophis* [1]) Auct.

Körperform wechselnd, schlank oder robust, zusammengedrückt. Grösste Höhe wenigstens 1½ Mal so stark als die Breite an demselben Punkt. Mundwinkel heraufgezogen, Lippenrand eingezogen. Nasenlöcher vertikal, im äusseren hinteren Winkel der Nasalschilder; diese länger als breit, in grader Linie an einander stossend. Keine Internasalschilder. Schuppen glanzlos, sechseckig, doch am Rücken aus

1) Wir glauben, mit diesem Genus auch wieder die Gattungen *Disteira* Lacépède und *Pelamis* Daud. vereinigen zu müssen. Vgl. die bei *Hydr. doliata* und *Hydr. pelamis* gegebenen Auseinandersetzungen.

dieser Form bei einigen Arten in die rhombische oder rechteckige übergehend; mit Tuberkeln oder Kielen, oder, wenn diese fehlen, mit Längsvertiefungen. Bauchschilder entweder fehlend, oder, wenn vorhanden, schmäler als ⅛ des übrigen Körperumfangs, mit je zwei oder mehr Tuberkeln oder den diesen entsprechenden Längsvertiefungen. Hinter dem Giftzahn mehre kleinere, solide Oberkieferzähne.

A. Untergattung: ***Hydrophis.***

Schuppen sechsseitig, überall mit deutlich ausspringenden Seitenwinkeln, an Hals und Rücken oft durch Zuschärfung der hinteren Kante in die rhombische Form übergehend. Bauchschilder deutlich vorhanden.

1. Art. ***Hydrophis striata*** Schlegel.

Synonymie: * *Leioselasme striée* Lacépède Annales d. Mus. IV, Pag. 210, Pl. 57, Fig. 1. — * *Polyodontes annulatus* Lesson (Bélanger Voyage aux Indes Orientales 1834; Zoologie Pag. 321, Atl. Reptil. Pl. 4). Schlegel, Cantor und Duméril führen diesen Namen als Synonym von *Hydrophis nigrocincta* Schlegel auf. Gegen diese Ansicht spricht, dass auf der citirten Abbildung die schwarzen, nur am letzten Drittheil des Körpers geschlossenen Ringe breiter sind, als die Zwischenräume, und dass dem *Polyodontes annulatus* sowohl im Text als in der Abbildung keine sechseckigen Seitenschuppen, die doch ein Hauptcharakter von *Hydr. nigrocincta* sind, sondern überall längliche, hinten abgerundete Schuppen zugeschrieben werden (*écailles oblongues, arrondies* etc.). — * *Hydrophis striata* Schlegel Essai II, Pag. 502, Pl. 18, Fig. 4—5. — Sieboldt Fauna Japonica, Ophidii, Pag. 89, Pl. 7. — * *Hydrus striatus* Cantor Catal. of Reptiles inhabiting the Malayan Peninsula and Islands Pag. 126. — Gray Catal. of snakes, P. 55, No. 1. — * *Hydrophide striée* Duméril Erpétologie générale, VII, 2, Pag. 1347.

1. Allgemeine Körperform. Schlank, erstes Drittheil merklich schmächtiger als der übrige Körper. Die grösste Höhe liegt am letzten Drittheil und beträgt das Doppelte der Breite daselbst, mehr als das Doppelte der Höhe am Halse. Starke Neigung zu spiraliger Eindrehung; Rückenkante scharf, Bauchkante stumpf. Kopf lang (Interorbitalraum öfter als 2⅓ Mal im Kopfschilderraum enthalten), seitlich abgerundet. Schnautze vorn schräge abfallend, fast schneidend, über den Unterkiefer vorragend. Schwanz von der Wurzel an allmählich dünner werdend.

2. Kopfschilder weich, porös. Rostralschild nicht höher als breit, unten mit drei Vorsprüngen, von denen der mittelste der grösste. Frontalschild zweimal (oder mehr) so lang als breit. Parietalschilder lang, jedes mindestens zweimal

so lang als breit. Ein Praeocular-, zwei Postocularschilder. Drittes, viertes und fünftes Oberlippenschild mit dem Auge in Berührung. Kinnschild dreieckig, gleichschenklig; hinter demselben stossen die Unterlippenschilder des ersten Paares an der Kehlfurche zusammen. Letztere ausserdem von zwei Paaren symmetrischer Kehlfurchenschilder begrenzt.

3. Schuppen: rhombisch, nur in der hinteren Körperhälfte, in der Nähe der Bauchschilder, sechsseitig; am Hals und Rücken länger als breit; nach dem Bauch herab wenig grösser als am Rücken; mit schwachen Längskielen.

4. Bauchschilder. Nach mehren Reihen Kehlschuppen folgt eine bis zum After verfolgbare Reihe deutlicher Bauchschilder; diese sind so breit wie zwei benachbarte Schuppenreihen, haben einen freien hinteren Rand und je zwei Kiele, oder, wenn diese fehlen, die dieselben ersetzenden Längsvertiefungen.

5. Zähne: Hinter dem mit innerem Giftkanal und vorderer Längsfurche versehenen Giftzahn folgen sieben solide kleinere Zähne.

6. Farbe: Oben gelblich grün, unten gelblich weiss. Rücken mit zahlreichen (über 50) schwarzen Rhombenflecken, welche länger sind, als die zwischen ihnen liegenden hellen Zwischenräume. Im jungen Zustand bilden diese Flecke vollständige Ringe, welche aber im Alter oft nur durch entsprechend gestellte schwarze Flecke am Bauche angedeutet sind. Die Haut zwischen den hellen Rückenschuppen schwarz, als ein Netz rhombischer Maschen sich darstellend. Kopf von der hellen Grundfarbe des Rückens im Alter unregelmässig gelb gefleckt. Schwanz mit schwarzen Querbinden oder unregelmässig schwarz gefleckt.

7. Fundort: Das hamburger Exemplar ist mit der Etikette: Indisches Meer bezeichnet. Die Exemplare der leydener und der pariser Sammlung sind nach Schlegel und Duméril aus dem chinesischen und indischen Meere.

8. Maasse. Diese Seeschlange ist eine der grössten Arten; sie erreicht eine Länge nach Schlegel von 5 Fuss, nach Duméril sogar von mehr als 7 Fuss. Das hamb. Exemplar, welches trächtig war (der aus einem der Eier losgelöste fast reife Foetus mass 0^m, 273), zeigte folgende Dimensionen:

Totallänge.	Schwanz.	Grösste Höhe.	Dicke.	Höhe des Halses nahe am Kopfe.	Grösste Höhe des Schwanzes.	Dicke des Schwanzes an der Wurzel.	Dicke des Schwanzes in der Mitte.	Kopfschilderraum.	Interorbitalraum.	Schuppen und Schilder des Bauches.	Längsreihen von Schuppen.
1,639	0,107	0,034	0,017	0,015	0,020	0,005	0,004	0,028	0,008	9 + 341	43

Bei drei Exemplaren des niederländischen Reichsmuseums, welche wir mit α, β, γ bezeichnen wollen, fand Schlegel folgende Zahlen. α hatte eine Totallänge von

0,07; Schwanz = 0,10; Bauch- und Schwanzschilder = 346 + 46; Längsreihen von Schuppen = 29. — β: Totallänge = 1,43; Schwanz = 0,13; Bauch- und Schwanzschilder wie bei α; Längsreihen von Schuppen = 31. — γ: Totallänge 1,15; Schwanz = 0,11; Bauch- und Schwanzschilder = 342 + 52; Längsreihen von Schuppen = 27.

Cantor giebt folgende Zahlen: Bauchschilder: 347 + 41; Längsreihen von Schuppen am höchsten Theil des Körpers: 40; Totallänge: 6′ 0⁶/₈″; Kopf: 1⁵/₈″; Schwanz: 4⁶/₈″; Umfang des Nackens 3¾″; grösster Umfang des Rumpfes: 4²/₈″.

Duméril fand bei dem grössten Exemplar der pariser Sammlung die Totallänge = 7′ 9″; grösste Höhe mehr als 0m, 06; Höhe nahe am Halse = 0m, 015; grösste Höhe des Schwanzes 0m, 03.

---

2. Art. *Hydrophis hybrida*[1]) Schlegel.

*Schlegel Abbildungen neuer und unvollständig bekannter Amphibien. Düsseldorf 1837—44. Pag. 115 ff. Taf. 37.

1. **Allgemeine Körperform.** Körper mässig schlank, nahe am Kopf walzenförmig, dann bald zusammengedrückt. Die grösste Höhe liegt (nach der Abbildung) am letzten Drittheil und verhält sich zur Breite daselbst = 1¾ : 1. Mässige Neigung zu spiraliger Eindrehung. Rücken kantig, die Kante nur von einer Reihe Schuppen gedeckt. Kopf kurz, seitlich abgerundet; Schnautze vorn schräge abfallend, über den Unterkiefer nicht vorragend. Abplattung des Schwanzes?

2. **Kopfschilder.** Rostralschild nicht höher als breit, unten mit drei Vorsprüngen, von denen der mittelste der grösste ist. Vorderer Rand der Nasalschilder merklich kleiner, als der hintere (= 1 : 2). Praefrontal- und Supraocular-Schilder klein. Ein Praeocular-, zwei Postocular-Schilder. Zweites Oberlippenschild mit dem Praefrontalschilde in Berührung; drittes und viertes Oberlippenschild grenzen an das Auge. Sechstes Oberlippenschild mit dem Parietalschilde nicht in Berührung. Nach der Abbildung scheinen die Unterlippenschilder des ersten Paares an der Kehlfurche zusammenzustossen. Kehlfurchenschilder normal (?).

3. **Schuppen** etwas länger als breit, undeutlich sechseckig, fast rhombisch (nach der Abbildung mit abgerundeten Seitenrändern, oval), nach den Seiten herab kaum grösser, als am Rücken; jede Schuppe mit einem höckerförmigen Kiel.

4. **Bauchschilder kaum merklich grösser als eine der benachbarten Schuppenreihen**, an einigen Stellen ohne, an anderen je mit einem, an noch anderen je mit zwei höckerförmigen Kielen.

---

1) Diese, mit *H. striata* und *H. pachycercus* nahe verwandte, aber von beiden sicher verschiedene Art ist von Duméril in der *Erpétologie générale* ganz mit Stillschweigen übergangen worden. — Unsere Beschreibung ist nach Schlegel's Angaben und Abbildung verfasst.

5. **Farbe:** Blassgelb, längs des Rückens mit zahlreichen (über 50) schwarzen Rhombenflecken. Diese sind auf der Rückenkante länger als die hellen Zwischenräume, und berühren sich sogar an einigen Stellen. Kopf oben schwarz, mit gelber Schnautze und Lippen. Schwanzspitze ohne schwarze Seitenflecken.

6. **Fundort:** Das einzige von Reinwardt bei den Molukken aufgefundene Exemplar steht im niederländischen Reichsmuseum zu Leyden.

7. **Dimensionen** (die eingeklammerten Zahlen sind aus der Abbildung entnommen):

Totallänge.	Schwanz.	Grösste Höhe.	Breite daselbst.	Grösste Höhe des Schwanzes.	Dicke des Schwanzes.	Kopfschilderraum.	Interorbitalraum.	Längsreihen von Schuppen.	Zahl der schwarzen Rhombenflecke.
0,665	0,085	(0,030) Fig. 8.	(0,017) Fig. 8.	(0,021) Fig. 1.	(0,007) Fig. 2.	(0,0165) Fig. 2.	(0,0075) Fig. 2.	32 (Nach der Profilansicht zu schliessen: 46—50.)	(54)

---

3. Art. *Hydrophis pachycercos* nov. spec.

1. **Allgemeine Körperform.** Erste Hälfte anfangs schlank (Höhe am Halse nahe dem Kopfe kaum ⅓ der grössten Körperhöhe), dann wenig zusammengedrückt; bis zur Mitte fast walzenförmig; zweite Hälfte stärker zusammengedrückt. Die grösste Höhe liegt am Anfang des letzten Drittels und verhält sich zur Breite daselbst = 2 : 1, während dies Verhältniss am Anfang des zweiten Drittels = 4 : 3 ist. Geringe Neigung zu spiraliger Eindrehung; Rücken in der ersten Hälfte abgerundet, in der zweiten mit mässig scharfer Kante. Kopf seitwärts nicht abgerundet, so dass die Orbitalfläche mit der Stirnfläche einen fast rechten Winkel bildet. Schnautze vorn schräge abfallend, fast schneidend, über den Unterkiefer vorragend. Schwanz fleischig, wie angeschwollen, in der Mitte dicker und höher als am Grunde und als das Ende des Rumpfes.

2. **Kopfschilder** fest, glatt. Rostralschild nicht höher als breit, mit drei unteren Vorsprüngen, von denen der mittelste der grösste. Hinterer Rand der Nasalschilder nur wenig grösser, als der vordere. Praefrontalschild mit dem zweiten Oberlippenschilde nur in einem Punkte in Berührung, sonst durch das Zusammentreffen des Nasalschildes mit dem Praeocularschilde von ihm getrennt.

Ein Prae-, zwei Postocular-Schilder. Nur zwei Oberlippenschilder mit dem Auge in Berührung. Sechstes Oberlippenschild nicht an das Parietalschild stossend. Kinnschild ein gleichschenkliges Dreieck; erstes Paar Unterlippenschilder hinter demselben an der Kehlfurche zusammenstossend. Letztere ausserdem von zwei Paar symmetrischen Kehlfurchenschildern begrenzt.

3. Schuppen deutlich sechseckig mit deutlich ausspringenden Seitenwinkeln. Nur ganz nahe am Kopf nehmen die oberen Halsschuppen durch Zuschärfung der hinteren Kante ein rhombisches Ansehen an. Nach den Seiten herab bis zu den Bauchschildern sind die Schuppen nur wenig grösser, als am Rücken. Jede Schuppe mit einem Längskiel, der in der Mitte unterbrochen und wie aus zwei Tuberkeln gebildet erscheint.

4. Bauchschilder. Nach mehren (neun) Reihen fast rhombischer Kehlschuppen beginnt eine bis zum After verfolgbare Reihe sehr deutlicher Bauchschilder; jedes derselben ist breiter als zwei benachbarte Schuppenreihen, und ihre Grösse nimmt nach hinten nicht merklich ab. Längs des hinteren freien Randes jedes Bauchschildes stehen vier Tuberkeln neben einander, von denen die beiden äusseren die stärksten sind. (Bei dem hamburger Exemplar sind die Bauchschilder nahe am After je in zwei Hälften getheilt, von denen jede grösser ist, als eine der beiden benachbarten Schuppenreihen, und zwei neben einander gestellte Tuberkeln trägt).

5. Zähne. Der Giftzahn ist durchbohrt und vorn gefurcht. Hinter ihm und seinen Ersatzzähnen stehen acht dicht gedrängte kleinere Zähne, unter denen, wie immer, einzelne lose.

6. Farbe. Die Farbe unseres, ohne Zweifel verblichenen Exemplars ist oben schmutzig gelbgrün, unten weiss. Rücken mit dunkleren, aber verwischten Querflecken, welche mehr als dreimal so lang sind, als breit und nur durch schmale Zwischenräume getrennt werden. Oberseite von Hals und Kopf schwarz, welche Farbe nach vorn bis zur vorderen Grenze der Nasalschilder reicht. Rostralschild, Oberlippenschilder und die dem Auge zugekehrten Ränder der dasselbe begrenzenden Schilder sind gelb. Kehle, Unterseite des Halses sind gelblich weiss, wie der Bauch. Schwanz schmutzig gelbgrün, vor dem Ende jederseits mit einem schwarzen unregelmässigen Flecken.

7. Fundort unbekannt. Das hamburger Museum erhielt das dieser Beschreibung zu Grunde liegende Exemplar von einem Naturalienhändler, mit der Bezeichnung: Indisches Meer.

8. Maasse: Totallänge 0^{m},912; Schwanz = 0^{m}, 112; Höhe am Halse, nahe dem Kopfe = 0^{m}, 11; Höhe am Anfang des zweiten Drittels = 0^{m}, 032; Breite daselbst = 0^{m}, 025; Höhe am Anfang des letzten Drittels = 0^{m}, 040;

Breite daselbst = 0m,020; grösste Höhe des Schwanzes = 0m,030; Dicke des Schwanzes in der Mitte = 0m,015; Dicke des Schwanzes an der Wurzel = 0m,008; Kopfschilderraum = 0m, 020; Interorbitalraum = 0m, 010; Kehlschuppen und Bauchschilder = 9 + 260; Längsreihen von Schuppen am höchsten Theil des Körpers = 39.

---

4. Art. **Hydrophis nigrocincta** Schlegel.

Synonymie: **Kerril Pattee* Russel Account of Ind. Serpents Vol. II, Pl. 6. Ich kann nicht, wie Schlegel und Duméril, Russel's *Chittul* (l. I, Pl. 9) für identisch mit dieser Art halten. Die blauen Ringe erinnern vielmehr an das Schiefergrau von *H. schistosa*, und auch die schmäleren hellen Zwischenräume zwischen den Ringen sind der *Hydr. nigrocincta* fremd. Vgl. die Synonymie von *H. schistosa*. Auf der oben citirten Abbildung Russel's (Pl. 6) beruht übrigens Daudin's **Hydr. nigrocincta* (Rept. T. VII, Pag. 380). Ueber Lesson's *Polyodontus annulatus* (*Bélanger's Reise, zool. Atl. Reptil. Taf. IV), vergl. die Synonymie von *H. striata*. — **Hydrophis spiralis* Shaw Gener. Zool. III, Pag. 564, Taf. 125. Weder diese Figur noch die Beschreibung Shaw's lassen einen Zweifel an der Identität mit *Hydrophis nigrocincta* zu, als deren Varietät Schlegel auch Shaw's *H. spiralis* bezeichnet. Es sprechen dafür: 1) die schmalen, schwarzen, vollständigen Querringe; 2) die in ihren Zwischenräumen an einigen Stellen befindlichen schwarzen Rückenflecke. Der einzige Umstand, dass die schwarzen Ringe bei *Hydrophis spiralis* am Bauche zu einer Längsbinde verfliessen, genügt nicht, um diese Schlange als besondere Art von *H. nigrocincta* zu unterscheiden. Ein ganz ähnliches Verhalten finde ich an einigen Ringen bei dem berliner Exemplar der letztgenannten Art, und dasselbe wird auch durch Duméril von einigen Exemplaren der pariser Sammlung berichtet. Um so weniger ist es zu begreifen, dass dieser Forscher dennoch die *Hydr. spiralis* Shaw als selbstständige Art aufführt, ohne dieselbe durch neue specifische Charaktere zu rechtfertigen. — **Hydrophis nigrocincta* Schlegel Essai II, Pag. 505, Taf. 18, Fig. 6—10. — **Hydrus nigrocinctus* Cantor Catalog. of Malayan Reptiles Pag. 128. — *Duméril Erpét. générale VII, 2, Pag. 1350.

1. Allgemeine Körperform: Körper schlank, vorn walzenförmig, vom zweiten Drittheil an hoch, stark zusammengedrückt; die grösste Höhe liegt am letzten Drittheil (die Höhe am Halse nahe dem Kopfe verhält sich zur grössten Höhe = 1 : 3; letztere verhält sich zur Breite an demselben Punkt = 1 : 2). Starke Neigung zu spiraliger Eindrehung. Kopf lang (Interorbitalraum zum Kopfschilderraum = 1 : 2½), seitlich abgerundet; Schnautze schräge abfallend, vorragend. Schwanz von der Wurzel an allmählich platt werdend.

2. Kopfschilder glatt, nicht porös. Rostralschild nicht höher als breit, unten mit drei Vorsprüngen, von denen der mittelste der grösste ist. Nasalschilder viereckig, ihr vorderer Rand wenig breiter als der hintere. Praefrontal-

schild mit dem zweiten Oberlippenschilde in Berührung. Frontalschild lang, zweimal oder mehrmal so lang als breit. Seitlicher Rand der Parietalschilder vom sechsten Oberlippenschilde begrenzt. Nur das dritte und vierte Oberlippenschild mit dem Auge in Berührung. Ein Praeocular-, ein Postocularschild. Kinnschild ein gleichschenkliges Dreieck, hinter welchem das erste Paar Unterlippenschilder an der Kehlfurche zusammenstösst. Letztere ausserdem von zwei Paar symmetrischen Kehlfurchenschildern begrenzt.

3. Schuppen gross (weniger als 40 Querreihen) am Hals und am ganzen Rücken deutlich rhombisch durch Zuschärfung der vorderen und namentlich der hinteren Querkante, an den Seiten des Rumpfes deutlich sechseckig; jede mit einem schwachen Tuberkel.

4. Bauchschilder: Auf mehre Reihen rhombischer Kehlschuppen folgt eine bis zum After verfolgbare Reihe deutlicher Bauchschilder von der Breite zweier benachbarter Schuppenreihen. An einigen derselben (bei dem berliner Exemplar) bemerkt man zwei schwache Tuberkeln, die man an anderen vermisst.

5. Zähne: Hinter dem mit innerem Giftkanal und vorderer Furche versehenen starken Giftzahn und dessen Ersatzzähnen stehen sieben solide, an der Vorderfläche gefurchte Zähne in einer nicht ganz bis zum Mundwinkel sich erstreckenden Reihe. Unterkiefer jederseits mit 12 Zähnen.

6. Farbe: Oben lebhaft gelbgrün, unten gelblich weiss. Zahlreiche (bei dem berliner Exemplar 38) tief schwarze Querbinden, meist am Bauche zu vollständigen Ringen zusammenschliessend. Diese sind an den Seiten schmäler, als am Rücken und zuweilen am Bauch auf kürzere oder längere Strecken durch eine schwarze Längsbinde vereinigt. Die hellen Zwischenräume zwischen den Ringen sind am Rücken viel (2 bis 4 Mal) breiter, als die Ringe selbst; zwischen den letzteren, sowohl am Rücken als am Bauch bisweilen ein schwarzer Fleck. In den hellen Zwischenräumen sind die Rückenschuppen an ihrer vorderen Grenze schwarz gesäumt, daher die helle Grundfarbe des Rückens wie mit einem Netz aus schwarzen Rhomben-Maschen bedeckt erscheint. Kopf schmutzig gelbgrün mit einem mehr oder minder verwischten schwarzen Fleck auf den oberen Kopfschildern. Schwanzspitze schwarz, vor ihr mehre schwarze, oft theilweise verfliessende Querbinden.

7. Fundort: Nach Schlegel der Golf von Bengalen, nach Duméril verschiedene Punkte des indischen und chinesischen Meers.

8. Maasse: In den folgenden Angaben bezeichnet α das von mir untersuchte Exemplar des berliner Museums; β, γ und δ sind drei von Schlegel (Essai Pag. 506) gemessene Exemplare des niederländischen Reichsmuseums.

	Totallänge.	Schwanz.	Grösste Höhe.	Breite.	Höhe am Halse.	Grösste Höhe des Schwanzes.	Dicke des Schwanzes an der Wurzel.	Dicke des Schwanzes in der Mitte.	Kopfschilderraum.	Interorbitalraum.	Schuppen und Schilder des Bauches.	Längsreihen von Schuppen.	Schwarze Querringe.
α	1,513	0,113	0,056	0,028	0,018	0,030	0,012	0,005	0,030	0,012	8+298	37	38
β	1,33	0,09	—	—	—	—	—	—	—	—	314	31	—
γ	0,43	0,04	—	—	—	—	—	—	—	—	302	27	—
δ	0,43	0,04	—	—	—	—	—	—	—	—	298	29	—

Cantor giebt folgende Maasse: Bauchschilder: 281 + 41, 284 + 43, 289 + 39; Totallänge: 3′ $2\frac{6}{8}$″; Kopf: $0\frac{6}{8}$″; Schwanz: $2\frac{5}{8}$″; Umfang des Nackens: $\frac{6}{8}$″; grösster Umfang des Rumpfes: 2″; Längsreihen von Schuppen am höchsten Theil des Körpers: 53 (?).

---

5. Art. ***Hydrophis schistosa*** Schlegel.

Synonymie: * *Chittul* Russel an Account of Indian Serpents II, Pl. 9. Schlegel und Duméril halten, wie oben bemerkt, diese Abbildung für identisch mit *H. nigrocincta*. Doch stimmen die blauen Körperringe viel eher mit denen von *H. schistosa* überein, deren Schiefergrau des Rückens sehr oft (so bei dem Exemplar der berliner Sammlung) einen Stich ins Bläuliche hat. Dass die Ringe auf der Abbildung Russel's vollkommen geschlossen sind, ist allerdings der *Hydr. nigrocincta*, aber auch oft der *Hydr. schistosa* eigen; ich bemerke dies wenigstens an zwei vor mir liegenden Exemplaren dieser Art, von denen das eine dem berliner, das andere dem hamburger Museum (*Thalassophis Werneri* Schmidt) gehört. Die Entscheidung endlich, dass jene Abbildung nicht der *Hydr. nigrocincta* entspreche, wird dadurch gegeben, dass die Ringe des *Chittul* breiter oder ebenso breit sind, als die hellen Zwischenräume, was bei dieser Art niemals, wohl aber bei *H. schistosa* der Fall ist. Namentlich das berliner Exemplar der letztgenannten Art kommt dem *Chittul* näher, als irgend eine andere mir bekannte Meerschlange. — Auf der Abbildung Russel's beruht übrigens Daudin's * *Hydrophis cyanocinctus* Rept. IV, 383, für welche fingirte Art Wagler sogar die Gattung *Enhydris* aufgestellt hat (* Syst. d. Amphib. Pag. 166). — ?* *Valakadayen* Russel l. l. Taf. XI. Vielleicht nach einem Exemplar, bei dem die Rhombenflecke (Querringe) des Rückens vollkommen verschwunden waren. — * Russel's *Hoogli Pattee* l. l. Pl. 10 wird von Wagler (l. l. Pag. 166) und später von Duméril als Synonym zu dieser Art citirt, doch wohl mit Unrecht, da jene Abbildung für identisch mit *Hydrophis Schlegelii* Schmidt zu halten sein dürfte. — * *Hydrophis schistosa* Schlegel Essai II, Pg. 500, Taf. 18, Fig. 1—3. — * *Hydrus schistosus* Cantor Catal. of Malayan Reptiles Pag. 132. — * *Thalassophis Werneri* Schmidt Abhandlungen des naturwissensch. Vereins zu Hamburg II, 2. Pag. 84, Taf. 6, 1—4. Mit Unrecht führt Duméril auch Schmidt's *Thalassophis Schlegelii* als Synonym von *H. schistosa* auf. Jene Art ist vielmehr durch hinlänglich scharfe Merkmale als gute Art charakterisirt. Siehe unten. — * *Hydrophide ardoisé* Duméril Erpétologie générale VII, 2, Pag. 1344. Statt der vortrefflichen Charakteristik Schlegel's berührt die oberflächliche Diagnose und Beschreibung Duméril's fast nur unwesentliche Punkte.

1. Allgemeine Körperform: Körper mässig schlank mit (meist) scharfer Rückenkante und mässiger Neigung zu spiraliger Eindrehung. Die grösste Höhe liegt am Anfange des letzten Drittheils und verhält sich zur Breite daselbst = 2 : 1. Höhe am Hals nahe dem Kopf ist mehr als $1/3$, weniger als $1/2$ der grössten Höhe. Schnautzenspitze nicht schräge abfallend, sondern schwach kuppenförmig gewölbt. Kopf lang (Interorbitalraum $2\frac{1}{3}$ Mal oder öfter im Kopfschilderraum enthalten), seitlich abgerundet. Schwanz von der Wurzel an allmählich platter werdend.

2. Kopfschilder weich, sehr porös, zu Theilungen und Einschnitten geneigt. Rostralschild klein, höher als breit, mittlerer Vorsprung desselben über die seitlichen sehr stark vorragend. Die vordere, an das Rostralschild grenzende Kante der Nasalschilder sehr klein, weniger als halb so lang, als die hintere an die Praefrontalschilder stossende Kante. Zweites Oberlippenschild grenzt an das Nasal-, das Praefrontal- und das Praeocularschild. Nur das dritte und vierte Oberlippenschild mit dem Auge in Berührung. Sechstes Oberlippenschild stösst an das Parietalschild, und wird selbst von einem accessorischen, dreieckigen Lippenschildchen getragen. Kinnschild sehr schmal, mehr als dreimal so lang als breit. Das erste Paar Unterlippenschilder hinter dem Kinnschilde nicht zusammenstossend. Kehlfurche undeutlich, nicht von symmetrischen Kehlfurchenschildern begrenzt.

3. Schuppen klein (über 50 Längsreihen am höchsten Theil des Körpers), je mit einem Tuberkel oder einem einfachen Längskiel, sechseckig mit deutlich ausspringenden Seitenwinkeln, am Hals und Rücken durch Zuschärfung der vorderen und hinteren Kante rhombisch; an den Seiten und am Bauch nur wenig grösser als am Rücken, aber meist deutlich sechseckig.

4. Bauchschilder wenig grösser als eine der benachbarten Schuppenreihen, längs des ganzen Bauches an dem Besitz von je zwei Kielen oder Tuberkeln kenntlich.

5. Zähne: Giftzahn durchbohrt und mit vorderer Längsfurche. Hinter demselben vier solide Zähne, an denen eine Furche nicht beobachtet wurde.

6. Farbe: Oben schiefergrau, oft ins Bläuliche spielend, unten weiss. Rücken mit dunkleren, mehr oder weniger deutlichen Rhombenflecken, welche bisweilen zu vollständigen Ringen am Bauche zusammenschliessen und oben breiter sind als die zwischen ihnen liegenden helleren Zwischenräume. Kopf schiefergrau ohne helle Flecken und Abzeichen.

7. Fundort: Golf von Bengalen und Indisches Meer.

8. **Maasse.** Fünf Exemplare wurden verglichen, von denen α und β im Besitz des hamburg. Museums, γ in dem der berliner Sammlung. Die Exemplare δ und ε sind Eigenthum des Naturalienhändlers Herrn Brandt in Hamburg, der mir dieselben zur Vergleichung gütigst überliess.

	Totallänge.	Schwanz.	Grösste Höhe.	Dicke an demselben Punkt.	Höhe am Halse.	Höhe des Schwanzes.	Dicke des Schwanzes an der Wurzel.	Dicke des Schwanzes in der Mitte.	Kopfschilderraum.	Interorbitalraum.	Schuppen und Schilder des Bauches	Längsreihen v. Schuppen
α	0,498	0,060	0,023	0,012	0,009	0,012	0,004	0,003	0,013	0,005	338	57
β	1,052	0,130	0,038	0,018	0,015	0,021	0,010	0,006	0,020	0,008	308	60
γ	0,706	0,080	0,035	0,017	0,014	0,014	0,007	0,003	0,017	0,006	31 + 330	59
δ	0,424	0,048	0,022	0,010	0,009	0,009	0,004	0,002	0,012	0,005	305	62
ε	0,589	0,070	0,021	0,010	0,010	0,010	0,005	0,002	0,015	0,006	298	54

Cantor l. l. fand folgende Maasse: Bauch- und Schwanz-Schilder: 239 + 47; 242 + 42; 312 + 58. Bei dem grössten dieser drei Exemplare zählte er: 60 Längsreihen von Schuppen am höchsten Theile des Körpers; Totallänge: 3′ 7″; Kopf: 1″; Schwanz: 4½″; Umfang des Nackens: 2⅜″; grösster Umfang des Rumpfes: 5″.

6. Art. *Hydrophis Schlegelii.*

Synonymie: **Hoogli Pattee* Russel Acc. Ind. Serp. Pl. 10. — Mit Unrecht wird diese Abbildung von Schlegel und Duméril zu *H. schistosa* citirt. — **Thalassophis Schlegelii* Schmidt Abhandlungen des naturwiss. Vereins zu Hamburg II, 2, Pag. 83, Taf. 5. Duméril citirt diese Abbildung, ohne Rücksicht auf den Text, sowohl zu *H. schistosa*, als zu *Pelamis bicolor*.

1. **Allgemeine Form:** Körper schlank, erstes Drittheil viel schmächtiger, als der übrige Körper, anfangs fast walzenförmig, dann stark zusammengedrückt. Die grösste Höhe liegt (bei alten Exemplaren) am letzten Drittheil und verhält sich zur Breite daselbst = 2 : 1. Rücken und Bauchkante (bei alten Exemplaren) sehr scharf, erstere nur von Einer Schuppenreihe gedeckt. Starke Neigung zu spiraliger Eindrehung. Kopf mässig lang (Interorbitalraum zum Kopfschilderraum = 2 : 1 bei alten Exemplaren), seitlich nicht abgerundet, sondern fast pyramidal, indem sich die Orbitalfläche in einer stumpfen Kante rechtwinklig gegen die Stirnfläche absetzt. Schnautze wenig vorragend, nicht gewölbt. Schwanz vom Grunde an allmählich platter werdend.

2. **Kopfschilder** hart, glatt. Rostralschild nicht höher als breit, mit drei unteren Vorsprüngen, von denen der mittlere etwas grösser. Vordere, an das Rostralschild grenzende Kante des Nasalschildes nur wenig kleiner, als die hintere, welche mit dem Praefrontalschilde in Berührung steht. Ein Vorder-, zwei Hinter-Augenschilder. Zweites Oberlippenschild mit dem Praefrontalschilde,

drittes und viertes mit dem Auge in Berührung. Sechstes Oberlippenschild reicht nicht an das Parietalschild. Kinnschild ein gleichschenkliges Dreieck. Hinter ihm stösst das erste Paar Unterlippenschilder an der Kehlfurche zusammen. Letztere ausserdem von zwei Paaren symmetrischer Kehlfurchenschilder begrenzt.

3. **Schuppen**: sechseckig, klein, (40—50 Längsreihen), am Rücken länger als breit, am Hals sogar durch Zuschärfung der vorderen und hinteren Kante fast rhombisch; nach den Seiten herab deutlich sechseckig, mit ausspringenden Seitenwinkeln, breiter, aber überhaupt wenig grösser, als am Rücken. Jede Schuppe mit einem einfachen Kiel.

4. **Bauchschilder**: Nach acht bis zehn Reihen Kehlschuppen beginnt eine längs des ganzen Bauches verfolgbare Reihe kleiner Bauchschilder, welche am hinteren Theil des Körpers nicht viel kleiner, als am vorderen, sondern je gleich zwei benachbarten Schuppen und mit zwei deutlichen Kielen bewaffnet sind.

5. **Zähne**: Giftzahn mit vorderer Furche und innerem Giftkanal. Hinter ihm und seinen Ersatzzähnen zehn kleine solide Oberkieferzähne.

6. **Farbe**: Im Alter oben schiefergrau oder blauschwarz, unten weiss, welche beiden Farben nicht scharf gegen einander abgesetzt sind; mit oder ohne verwischte schmale Querbinden, welche bisweilen nur bis auf die Mitte der Seite herabsteigen, bisweilen auch undeutliche, aber vollständige Ringe bilden. — In der Jugend ist das Schiefergrau des Rückens durch je zwei zusammengehörige schmale weisse Linien getheilt, welche gekrümmt und so geordnet sind, dass sie sich wie ein *X* mit ihrer Convexität berühren, und dass je die zweite eines Paares mit der ersten des folgenden Paares einen kreisrunden Flecken von der Grundfarbe des Rückens umgrenzt.

7. **Fundort**: Chinesisches Meer.

8. **Maasse**: Die Exemplare *α*, *β*, *γ* sind im Besitz des hamburger, *δ* in dem des berliner Museums. *α* und *δ* sind wohl als ausgewachsene, *β* und *γ* als junge Thiere zu betrachten; letztere zeichnen sich durch die eben beschriebene Färbung, einen nicht so schlanken Körper (dessen grösste Höhe in der Mitte seiner Länge liegt), und eine abgerundete Rückenkante aus.

	Totallänge.	Schwanz.	Grösste Höhe.	Dicke daselbst.	Höhe am Halse.	Höhe des Schwanzes.	Dicke des Schwanzes an der Wurzel.	Dicke des Schwanzes in der Mitte.	Kopfschilderraum.	Interorbitalraum.	Bauchschilder.	Längsreihen von Schuppen.
α	0,815	0,074	0,031	0,015	0,012	0,016	0,005	0,003	0,022	0,010	8 + 260	45
β	0,423	0,047	0,019	0,007	0,008	0,012	0,003	0,002	0,016	0,008	8 + 240	46
γ	0,354	0,042	0,015	0,007	0,007	0,011	0,003	0,002	0,013	0,006	10 + 268	41
δ	0,807	0,083	0,030	0,015	0,011	0,014	0,006	0,003	0,022	0,009	9 + 247	44

7. Art. *Hydrophis microcephala.*

Synonymie. * *Kadell Nagam* Russel Account of Indian Serpents II, Taf. 13. — In allen Hauptcharakteren stimmt diese Abbildung mit den Originalexemplaren des hamb. Museums und mit der unten citirten Abbildung von Dr. Röding (Schmidt l. l.) überein. Da die Art *Hydr. microcephala* jedoch erst 1852 von Schmidt aufgestellt wurde, so ist erklärlich, dass Russel's *Kadell Nagam* von früheren Autoren mit anderen Schlangen verwechselt wurde. Gray (Catal. of Snakes Pag. 46) und Wagler (Syst. d. Amph. Pag. 165) hielten sie für identisch mit *Hydrophis gracilis* Schlegel, an welche diese Art durch den schlanken Vorderleib erinnert; Schlegel glaubte in jener Abbildung eine Darstellung seiner *Hydrophis schistosa* zu erkennen. Nicht zu begreifen ist jedoch, dass Duméril, der doch die *Hydr. microcephala* aufgenommen, Russel's *Kadell Nagam* als Synonym zu Schlegel's *Hydrophis pelamidoides* citirt, die grade wohl am meisten von allen anderen Arten von der Abbildung Russel's abweicht. — * *Microcephalophis gracilis* Lesson in Bélanger's Reise etc. Pag. 321, Atl. Rept. Pl. 3. Diese Abbildung, die nach Schlegel's Vorgange auch von Cantor und Duméril unter den Synonymen von Schlegel's *Hydrophis gracilis* citirt wird, stimmt nur in der Feinheit des Vorderleibes und in der einförmig dunklen Färbung von Kopf und Hals mit dieser Art überein. Doch ist zu beachten, dass der erste dieser Punkte auch der *Thalassophis microcephala* Schmidt zukommt, und dass der zweite derselben im Texte nicht erwähnt, hier vielmehr nur von einer bläulich grauen Rückenfarbe, mit 45—50 dunkleren, bis auf die Mitte der Seiten herabreichenden Querbinden die Rede ist, während die ganze Unterseite gelb sein soll. Bei *H. gracilis* sind diese Querbinden schwarz und schliessen meist am Bauch zu einer Längsbinde zusammen. Die hierdurch entstehende Vermuthung, dass in der citirten Abbildung ein Exemplar von *Hydrophis microcephala* dargestellt sei, wird dadurch genährt, dass die 6—7 untersten Bauchschuppen-Reihen mit scharfen Kielen versehen sind, die auf der Abbildung sogar, ganz ähnlich wie es bei dieser Art der Fall ist, aus zwei hinter einander liegenden Tuberkeln bestehen. — * *Thalassophis microcephala* Schmidt Abhandlungen aus dem Gebiete der Naturwissenschaften, herausgegeben vom naturwissensch. Verein zu Hamburg, II, 2, Pag. 78, Taf. 2, Fig. 1—6. — * *Hydrophide microcéphale* Duméril Erpétol. génér. VII, 2, Pag. 1356.

1. Allgemeine Form. Sehr schlank, mit feinem, walzenförmigem Vordertheil (Höhe am Hals ¼—⅓ der grössten Rumpfhöhe), vom zweiten Drittheil an allmählich stärker werdend, nach hinten mässig zusammengedrückt (Breite nicht ganz ½ der Höhe); grösste Höhe am letzten Drittheil. Starke Neigung zu spiraliger Eindrehung. Kopf lang (Interorbitalraum zum Kopfschilderraum = 1 : 2); Schnautze vorn schräge abfallend, fast schneidend, stark über den Unterkiefer vorragend. Schwanz vom Grunde an allmählich platter werdend, doch ziemlich fleischig.

2. Kopfschilder hart, glatt, im Alter ohne Poren. Rostralschild nicht höher als breit, mit drei unteren Vorsprüngen, von denen der mittelste der stärkste, nur mit seinem fast schneidendem unteren Rande nach vorn, sonst

ganz auf der oberen Seite der schräge abfallenden Schnautze liegend. Vordere Kante der Nasalschilder nur wenig kürzer, als die hintere. Zweites Oberlippenschild an das Praefrontalschild stossend. Nur das dritte und vierte Oberlippenschild mit dem Auge in Berührung. Sechstes Oberlippenschild nicht an das Parietalschild seiner Seite stossend. Kinnschild ein gleichschenkliges Dreieck, hinter welchem das erste Paar Unterlippenschilder an der Kehlfurche zusammenstösst. Letztere ausserdem von zwei Paaren symmetrischer Kehlfurchenschilder begrenzt.

3. Schuppen am Halse länglich, fast rhombisch; an Rücken und Seiten deutlich sechseckig, jede mit einem Tuberkel. An den den Bauchschildern zunächst stehenden Schuppenreihen sind diese Tuberkeln länglich, in der Mitte eingedrückt und wie aus zwei hinter einander liegenden Tuberkeln bestehend, von denen das vordere das grössere und ziemlich scharf ist[1]).

4. Bauchschilder: Nach mehren Reihen rhombischer Kehlschuppen beginnt eine bis zum After verfolgbare Reihe kleiner Bauchschilder, von denen jedes gleich zwei benachbarten Schuppen und mit zwei, diesen entsprechenden Tuberkeln von der oben beschriebenen Form versehen ist. Diese Reihe ist hin und wieder in zwei Schuppenreihen getrennt, deren Schuppen dann in gleicher Höhe neben einander stehen.

5. Zähne: Hinter dem Giftzahn und dessen Ersatzzähnen stehen sechs kleinere solide Oberkieferzähne.

6. Farbe: Oben bläulich grau, unten weiss. Auf Hals und Rücken zahlreiche, anfangs getrennte, später mit einander verschmelzende Querflecken, welche am Halse nicht, bisweilen jedoch am Rumpfe sich zu vollständigen Ringen vereinen. Unterkiefer, Kehle, Bauch gelblich weiss. Hinterkopf bis zum vorderen Ende des Frontalschildes schwarz, Rostral-, Nasal-, Oberlippen-, und die das Auge umgebenden Schilder gelb[2]).

---

1) Obgleich wir Duméril's Bemerkung bestätigen müssen, dass Schmidt's Art-Name nicht passend sei, da ein sehr kleiner Kopf auch mehren anderen Meerschlangen, namentlich *Hydrophis gracilis* eigen ist, so würde doch der von Duméril vorgeschlagene Name *Hydrophis leprogaster* an demselben Fehler gelitten haben, da die im Text beschriebene Form der Tuberkeln auf den Bauchschuppen auch mehren anderen *Hydrophis*-Arten eigen ist (*H. pelamis*, *H. pachycercus*, *Astrotia schizopholis*).

2) Dass der vordere schmale Theil des Körpers bei dieser Art keine Flecken zeige, wie Duméril sagt, „*ni même les moindres traces, qui pourraient les indiquer*", kann ich nicht bestätigen, und beweist, dass Duméril weder von der Beschreibung noch von der guten Abbildung des deutschen Entdeckers Notiz genommen hat; ja, es wird dadurch sogar in

7. **Fundort:** Die drei Exemplare des hamburgischen Museums stammen von der Küste von Java. Auch diejenigen der pariser Sammlung wurden nach Duméril im indischen Meere gefangen.

8. **Maasse:** Folgende Dimensionen finde ich an den drei Exemplaren des hamburgischen Museums:

	Totallänge.	Schwanz.	Grösste Höhe.	Dicke.	Höhe am Halse.	Höhe des Schwanzes.	Dicke des Schwanzes am Grunde.	Dicke des Schwanzes in der Mitte.	Kopfschilderraum.	Interorbitalraum.	Bauchschilder.	Längsreihen v. Schuppen.
α	0,794	0,072	0,028	0,015	0,008	0,017	0,009	0,006	0,014	0,005	6+304	39
β	0,956	0,072	0,032	0,018	0,009	0,018	0,006	0,003	0,015	0,005	8+361	43
γ	0,746	0,076	0,025	0,014	0,006	0,014	0,007	0,004	0,012	0,005	274	38

8. Art. ***Hydrophis gracilis*** Schlegel.

**Tatta Pam* Russel Acc. Ind. Serpents I, Taf. 44. — **Shootur sun* und **Kalla Shootur sun* Russel l. l. II, Taf. 7 und 8. (Auf diesen drei Abbildungen beruhen Daudin's *Anguis mamillaris, Hydrophis cloris* und *Hydrophis obscurus*. Vergl. *Daudin Hist. natur. des Reptiles 1802, VII, Pag. 340, 377, 375. — **Hydrus fasciatus* Schneider Histor. Amph. Pag. 241. (Duméril citirt diesen Namen als Synonym zu der von ihm aufgenommenen *Hydrophide à bandes*. Dass Schneider unter jenem Namen die *Hydrophis gracilis* gemeint habe, scheint daraus hervorzugehen, dass er die erste der oben angeführten Abbildungen Russel's citirt). — **Slender Hydrus* Shaw l. l. Pag. 560. — Ueber *Microcephalophis gracilis* (Less. Bélanger Voyage aux Indes Orientales 1834. Zoologie Pag. 320, Atlas Reptil. Pl. 3.) vergl. die Synonymie zu *Hydr. microcephala*. — **Hydrophis gracilis* Schlegel Essai II, Pag. 507, Taf. 18, Fig. 11 u. 12. — **Hydrus gracilis* Cantor Catalogue of Reptiles inhabiting the Malayan Peninsula and Islands 1847, Pag. 130. — **Hydrophide grèle* Duméril Erpétol. génér. VII, 2, Pag. 1352.

1. **Allgemeine Körperform. Körper schlank,** Vordertheil walzenförmig, **sehr fein** (Höhe am Halse 1/6 bis 1/3 der grössten Rumpfhöhe); vom zweiten Drittheil an mässig zusammengedrückt; die grösste Höhe liegt am letzten Drittheil **und ist nicht ganz das Doppelte der daselbst gemessenen Breite.** Rücken und Bauch mit abgerundeter Kante; Neigung zu spiraliger

Frage gestellt, ob die pariser Exemplare überhaupt zu der von Schmidt aufgestellten Art gehören. Doch kann ich Schmidt's Angabe: „In Färbung und Zeichnung ähneln sich „beide Thiere (*Hydrophis gracilis* und *H. microcephala*) vollkommen, bis auf den Kopf“ durchaus nicht bestätigen. Vergl. die Specialbeschreibungen. Ausserdem ist der Kopf nicht ganz gelb bei *H. microcephala*, wie Schmidt angiebt, sondern nur bis zu der oben angegebenen Grenze.

Eindrehung sehr stark. Kopf sehr klein, seitlich abgerundet; Schnautze vorn nicht schräge abfallend, sondern abgerundet, nicht über den Unterkiefer vorragend. Schwanz vom Grunde an allmählich platter werdend, in der Mitte etwa halb so dick als an der Wurzel.

2. Kopfschilder bei einigen Exemplaren glatt, bei anderen porös. Rostralschild nicht höher, als breit, mit drei unteren Vorsprüngen, von denen der mittelste der grösste ist. Vorderer Rand der Nasalschilder nicht viel kleiner als der hintere. Zweites Oberlippenschild mit dem Praefrontalschilde in Berührung. Drittes und viertes Oberlippenschild grenzen an das Auge. Kinnschild ein gleichschenkliges Dreieck; hinter demselben stösst das erste Paar der Unterlippenschilder an der Kehlfurche zusammen, welche letztere ausserdem von zwei Paaren symmetrischer Kehlfurchenschilder begrenzt wird.

3. Schuppen am Hals und dem oberen Theil des Rückens durch Zuschärfung der vorderen und hinteren Kante rhombisch, sonst überall sechseckig mit deutlich ausspringenden Seitenwinkeln, nach den Seiten herab wenig grösser als am Rücken, mit Tuberkeln, Kielen oder Längsvertiefungen.

4. Bauchschilder: Nach mehren Reihen rhombischer Kehlschuppen beginnt eine bis zum After verfolgbare Reihe deutlicher Bauchschilder, von denen jedes gleich zwei benachbarten Schuppen und mit zwei einfachen Tuberkeln versehen ist. Nur selten bleiben die zwei diese Bauchschilder bildenden Schuppenreihen auf längere Strecken getrennt.

5. Zähne: Hinter dem Giftzahn, der, obwohl fein, doch mit innerem Giftkanal und vorderer Furche versehen ist, stehen vierzehn äusserst feine, dicht gedrängte solide Zähnchen des Oberkiefers.

6. Farbe: Grundfarbe gelblich weiss; längs des Rückens dicht hinter einander eine Menge (40—56) quer gestellter schwarzer Rhombenflecken, die bisweilen mit ihren Spitzen sich berühren, immer aber breiter sind, als die zwischen ihnen liegenden hellen Zwischenräume. Meist, und zwar namentlich am Halse, bilden diese Ringe vollständig geschlossene Ringe um den Körper, sind in diesem Falle am Bauch merklich breiter, als an den Seiten, und verschmelzen zu einer schwarzen Bauchbinde. Kopf ganz schwarz, ohne gelbe Abzeichen; Hals in der Regel ebenfalls schwarz. Schwanz schwarz mit schmalen gelben Querringen.

Anmerkung. Unter den verschiedenen Individuen, die ich zu vergleichen Gelegenheit hatte, sind zwei Formen, die gewissermassen als die beiden Endpunkte einer langen zwischen ihnen liegenden Reihe von Uebergangsformen betrachtet werden können. Eine derselben (unser Exemplar δ), die zweifelsohne der vortrefflichen Beschreibung Schlegels zu Grunde gelegen hat, hat geschlossene, am Bauch zu einer Längsbinde verschmelzende Querringe; bei der anderen (ζ) sind die Ringe nicht geschlossen, Hals und Kehle weiss. Zwischen beiden Formen giebt es aber so zahlreiche Uebergangsformen in ganz allmählichen Abstufungen, dass es unmöglich ist, eine derselben als berechtigte Art anzuerkennen, zumal da kein anderer, als jener schwankende Unterschied in der Farbe geltend gemacht werden kann.

7. **Fundort:** Nach Schlegel an den Küsten Indiens; nach Duméril auch an denen Australiens. Unsere Exemplare wurden an der Küste von Java gefangen.

8. **Maasse:** Die Exemplare α bis ε sind im Besitze des hamburgischen naturhistorischen Museums; ζ und η sind Eigenthum des Naturalienhändlers Herrn Brandt.

	Totallänge.	Schwanz.	Grösste Höhe.	Dicke.	Höhe am Halse.	Grösste Höhe des Schwanzes.	Dicke des Schwanzes an der Wurzel.	Dicke des Schwanzes in der Mitte.	Kopfschilderraum.	Interorbitalraum.	Bauchschilder.	Längsreihen von Schuppen.
α	0,703	0,082	0,025	0,013	0,008	0,014	0,008	0,006	0,011	0,005	9 + 301	41
β	0,460	0,042	0,015	0,009	0,005	0,009	0,003	0,002	0,009	0,004	9 + 319	43
γ	0,865	0,081	0,025	0,015	0,006	0,015	0,008	0,005	0,010	0,005	7 + 301	41
δ	0,546	0,044	0,015	0,011	0,004	0,010	0,004	0,003	0,008	0,004	358	40
ε	0,770	0,048	0,029	0,015	0,005	0,012	0,005	0,003	0,010	0,005	6 + 452	54
ζ	0,575	0,074	0,018	0,011	0,007	0,013	0,007	0,006	0,011	0,005	—	—
η	0,537	0,062	0,018	0,012	0,006	0,012	0,006	0,005	0,010	0,005	—	—

Schlegel fand bei seinen Exemplaren 27 Längsreihen von Schuppen, giebt jedoch nicht an, ob diese Zahl an dem Punkt der grössten Höhe (am zweiten Drittheil) gefunden wurde.

Bei Cantor l. l. finden sich folgende Zahlen: Längsreihen von Schuppen: 44; Totallänge: 3′ 7¼″; Kopf: ⅝″; Schwanz: 4″; Umfang am Nacken: 1¼″; grösster Umfang des Rumpfes: 3¾″.

---

9. Art. *Hydrophis doliata.*

Synonymie: * *Disteira* [1]) *doliata* Lacépède Annales du Museum Tom. IV, Pl. 57, No. 2. — * *Thalassophis viperina* Schmidt Abhandl. d. Naturwissensch. Vereins zu Hamburg II, 2, Pag. 79, Taf. 3. — * *Disteira praescutata* Duméril [2]) Erpétol. générale VII, 2, Pag. 1351.

1. **Allgemeine Körperform:** Körper ziemlich schlank, am ersten Drittheil walzenförmig und merklich schlanker, als an den zwei letzten (die Höhe am Halse verhält sich zur grössten Höhe = 1 : 2½). Die grösste Höhe liegt in

---

1) Ueber die Nothwendigkeit, die Gatt. *Disteira* Lacép. wieder einzuziehen und mit *Hydrophis* zu vereinen, vergl. oben Pag. 17.

2) Ob die von Duméril unter dem Namen *Disteïra doliata* Lacépède aufgeführte Schlange des pariser Museums mit der hier citirten Art identisch sei oder nicht, ist nach der ganz oberflächlichen Beschreibung des genannten Forschers ganz unmöglich zu entscheiden.

der Mitte und verhält sich zu dem an demselben Punkt liegenden Quer-Durchmesser = 3 : 2. Rücken und Bauch abgerundet; mässige Neigung zu spiraliger Eindrehung. Kopf kurz (Interorbitalraum zum Kopfschilderraum = 1 : 2), flach, seitlich abgerundet, schwach abgesetzt vom Halse. Oberkiefer kaum vorragend. Schwanz von der Wurzel an sich schwach abplattend.

2. Kopfschilder weich, nicht porös. Rostralschild nicht höher als breit, mit drei unteren Vorsprüngen, von denen der mittelste der grösste. Jedes Nasalschild hinten fast ebenso breit, wie lang; hintere Kante doppelt so lang, als die vordere; Nasenloch eben so weit vom hinteren äusseren, wie vom hinteren inneren Winkel des Nasalschildes entfernt. Frontalschild mehr als zweimal so lang, als ein Supraocularschild. Ein Vorder-, zwei Hinteraugenschilder. Zweites Oberlippenschild nur an das Praeocular- und das Nasalschild stossend, und durch diese vom Praefrontalschilde getrennt. Drittes und fünftes Oberlippenschild nicht an das Auge stossend, welches unterhalb nur mit dem vierten Oberlippenschilde in Berührung ist. Sechstes Oberlippenschild nicht an das Parietalschild reichend. Kinnschild ein gleichschenkliges Dreieck; hinter demselben das erste Paar Unterlippenschilder an der Kehlfurche zusammenstossend. Letztere ausserdem von zwei Paaren symmetrischer Kehlfurchenschildern begrenzt.

3. Schuppen sämmtlich (auch an Hals und Rücken) deutlich sechseckig mit ausspringenden Seitenwinkeln und normal entwickelter vorderer und hinterer Kante, an den Seiten nach dem Bauch herab wenig grösser, als am Rücken, sämmtlich mit einem einfachen Längskiel.

4. Bauchschilder: Nach einigen Reihen Kehlschuppen beginnt eine bis zum After verfolgbare Reihe deutlicher Bauchschilder, jedes mit freiem hinteren Rande. Am ersten Viertel der Körperlänge sind diese so breit wie vier benachbarte Schuppenreihen, werden dann allmählich schmäler, bis sie vom letzten Drittheil an nur gleich zwei benachbarten Schuppen sind. An einigen der ersten, grösseren, Bauchschildern werden vier längs des hinteren Randes liegende Tuberkeln bemerkt, von denen die inneren schwächer sind als die äusseren; an den späteren finden sich je zwei Tuberkeln, an einigen fehlen diese auch ganz und es werden nur die Längsvertiefungen beobachtet, die jene zu begleiten pflegen.

5. Zähne: Hinter dem Giftzahn fünf schwach nach hinten gerichtete Oberkieferzähne.

6. Farbe: Oben bläulich grau, unten gelblich weiss. Auf dem Rücken eine Zahl (bei dem hamburger Exemplar 38) schwarzblauer Querflecken, welche durch sehr schmale Zwischenräume getrennt sind, an einigen Punkten auch mit einander verschmelzen. Die letzten dieser Flecken bilden vollständige Ringe.

Kopf oberhalb zwischen den Augen bis zur Schnautzenspitze schwarz. Diese, der Lippenrand, Kehle und Hals weiss. Schwanz mit dunklen Querringen und schwarzer Spitze.

7. Fundort: Das Exemplar des hamburgischen Museums (*α*) stammt von der Küste von Java. Der Fundort der pariser Exemplare (*Disteira praescutata* Dum. und ? *D. doliata* Dum.) ist unbekannt.

8. Maasse:

	Totallänge.	Schwanz.	Grösste Höhe.	Dicke.	Höhe am Halse.	Grösste Höhe des Schwanzes.	Dicke des Schwanzes an der Wurzel.	Dicke des Schwanzes in der Mitte.	Kopfschilderraum.	Interorbitalraum.	Bauchschilder.	Längsreihen von Schuppen.
α	0,600	0,072	0,027	0,018	0,011	0,014	0,008	0,005	0,015	0,008	3 + 247	39

---

10. Art. *Hydrophis anomala* Schmidt.

Synonym: * *Shiddil* Russel II, Taf. 12, Pag. 14. — Schlegel hatte diese Abbildung für identisch mit *H. pelamidoides* gehalten. Mit grösserer Wahrscheinlichkeit dürfte sie für eine Darstellung der *H. anomala*, oder einer dieser verwandten Schlange zu erklären sein. Trotz der geringen Uebereinstimmung in der Färbung dürfte dies namentlich aus folgenden Worten der Russel'schen Beschreibung zu schliessen sein, die zusammen auf keine andere *Hydrophis* passen: *„The head — „small, short; — ovate; — — The mouth narrow, — — the teeth very small; — — „the trunk cylindrical to near the tail, where it becomes slightly com- „pressed. — — The scales on the occiput and part of the neck smooth, on the „body carinated, and beeing arranged lozenwise, the carina present as many „parallel ridges on the trunk and the tail, as there are rows of „scales. There is little difference in point of size of the middle abdominal „scales and those on other parts“.*

*** *Thalassophis anomala* Schmidt Abhandlungen des naturwissensch. Vereins zu Hamburg II, 2, Pag. 81, Taf. 4.**

1. Allgemeine Körperform. Robust, überall oben und unten gleichmässig abgerundet, vorn walzenförmig, wenig schlanker, als in der Mitte (die Höhe am Halse verhält sich zur grössten Höhe = 1 : 2), nach hinten wenig zusammengedrückt. Die grösste Höhe liegt in der Mitte der Körperlänge und verhält sich zur Breite an demselben Punkt = 1 : 1⅓. Sehr geringe Neigung zu spiraliger Eindrehung. Kopf klein, dick, rund; Schnautze nicht vorragend. Schwanz vom Grunde an allmählich platter werdend.

2. Kopfschilder hart, porös. Die Kopfschilder der beiden Exemplare des hamburger Museums zeigen eine in der Abbildung Röding's (Schmidt

l. l. Taf. 4) sehr gut dargestellte, höchst sonderbare Form, die ich jedoch nicht, wie Schmidt es gethan, für einen Artcharakter, sondern eher für eine krankhafte und abnorme Bildung halten möchte, obgleich wohl zu beachten ist, dass sie sich bei beiden Exemplaren in gleicher Weise wiederholt. — Auffallend ist zunächst, dass die Ränder der vorderen Kopfschilder wulstig aufgetrieben erscheinen, eine Bildung, die um so eher als eine abnorme zu betrachten sein dürfte, als sie auch einmal bei den Unterlippenschildern von *Hydrophis pelamidoides* von mir beobachtet wurde. Aufgewulstete Ränder haben bei dem Exemplare α: das Praeocular- und die beiden Postocularschilder jeder Seite, die Praefrontal-, die Nasal-, die Rostral-, die Oberlippen- und die Unterlippen-Schilder, bei β auch ausser diesen noch das Frontalschild. — Noch auffallender wird die Physiognomie dieser Schlange durch die Zerspaltung der vorderen Kopfschilder in viele kleine accessorische Schilder, welche Theilung zwar auch sonst bei Meerschlangen nicht selten, dann aber an den oberen und hinteren Kopfschildern beobachtet wird. Bei beiden Exemplaren ist jedes Nasalschild in drei (ein längeres inneres und zwei kurze äussere) kleine, das Nasenloch umgrenzende Schildchen getheilt; das Rostralschild zerfällt sogar in fünf kleine Schilder (zwei obere längere, drei untere kürzere, von welchen letzteren jedes den gewöhnlichen Vorsprung trägt). Statt der zwei Nasal- und des Rostral-Schildes sind also elf kleine Schildchen vorhanden.

Das Kinnschild ist dreieckig, gleichschenklig; hinter ihm stossen die durch ihre Länge ausgezeichneten Unterlippenschilder des ersten Paares an der Kehlfurche zusammen. Letztere wird ausserdem von zwei Paar grossen, symmetrischen Kehlfurchenschildern begrenzt.

3. Schuppen gross (in 31 Längsreihen) überall sechseckig mit deutlich ausspringenden Seitenwinkeln, nach den Seiten und dem Bauch herab wenig grösser als am Rücken; jede mit einem einfachen, scharfen, hinten spitzen Längskiel, welche Kiele durch ihre Stärke und ihre weisse Farbe überall sogleich ins Auge fallen, und in ihrer Aufeinanderfolge weisse Längslinien bilden.

4. Bauchschilder. Die Schuppen der mittelsten Reihe des Bauches nicht grösser, als die benachbarten, aber in ihrer ganzen Folge bis zum After je mit zwei scharfen Kielen versehen.

5. Zähne. Giftzahn durchbohrt und mit vorderer Furche. Hinter ihm und seinen Ersatzzähnen stehen fünf, nach Verhältniss ihrer geringen Länge ziemlich dicke, mit den Spitzen nach hinten gekrümmte solide Zähne in gleichen Abständen. An den ersten derselben ward eine schwache Furche beobachtet. — Unterkiefer jederseits mit 14 Zähnen, von denen die letzten mit ihren Spitzen

nicht nach hinten, sondern stark nach innen und selbst etwas nach vorn gekrümmt sind.

6. **Farbe.** Grundfarbe oben schmutzig grau, unten weiss. Auf dem Rücken (bei den hamburger Exemplaren 30) dunkel blaugraue Rhombenflecke, viel breiter, als die zwischen ihnen liegenden schmalen Zwischenräume, die sich namentlich in der Nähe des Schwanzes zu vollständigen, unten sehr schmalen Ringen zusammenschliessen. Auf der dunklen Farbe des Rückens eine Menge feiner weisser Längslinien, welche durch die weissen Kiele der Schuppen gebildet werden. Schwanz schwarzblau mit (drei) weissen Querbinden.

7. **Fundort:** Indisches Meer.

8. **Maasse** (nach zwei Exemplaren des hamburger Museums):

	Totallänge.	Schwanz.	Grösste Höhe.	Dicke.	Höhe am Halse.	Höhe des Schwanzes.	Dicke des Schwanzes an der Wurzel.	Dicke des Schwanzes in der Mitte.	Kopfschilderraum.	Interorbitalraum.	Bauchschilder.	Längsreihen von Schuppen.	Dunkle Querflecken
α	0,811	0,084	0,039	0,027	0,019	0,020	0,012	0,007	0,016	0,008	247	31	27 + 3
β	0,691	0,072	0,029	0,022	0,014	0,018	0,009	0,005	0,015	0,007	252	31	26 + 3

Anmerkung. Weshalb Duméril diese Art nicht in sein Verzeichniss aufgenommen, ist nicht wohl einzusehen. Dass er dieselbe wegen der abnormen Bildung der Kopfschilder bei den hamburger Exemplaren für eine krankhafte Abänderung einer anderen Art gehalten habe, ist nicht wohl anzunehmen, da er in diesem Falle wohl unter den Synonymen der letzteren auch die gute Abbildung Röding's in der Arbeit von Schmidt citirt haben würde. Ganz abgesehen von der erwähnten Bildung der Kopfschilder ist diese Art durch die oben angegebenen Charaktere von allen übrigen Arten vollkommen verschieden, und auf den ersten Blick als sehr charakteristische Art zu erkennen.

---

11. Art. ? *Hydrophis fasciata* Duméril.

Nur mit einigem Zweifel an der Berechtigung dieser Art nehmen wir dieselbe nach Duméril's Beschreibung auf. Obgleich letztere nur nach Einem Exemplar des pariser Museums entworfen ist und auf einige der wichtigsten Artmerkmale nicht eingeht, passen diese doch zusammen auf keine der von uns aufgeführten Arten. Die folgende Charakteristik ist nach Duméril's freilich sehr mangelhafter Beschreibung (Erpétol. génér. VII, 2, 1349) entworfen.

1. **Allgemeine Körperform:** Wenig zusammengedrückt, am Hals walzenförmig, doch nicht so schlank wie *H. gracilis* und *H. microcephala*.

2. **Kopfschilder?**

3. **Schuppen** klein, gekielt.

4. **Bauchschilder** von den benachbarten Schuppen nur durch den Besitz je zweier Kiele verschieden.

5. Zähne?

6. Farbe: Abwechselnde gelbe und schwarze Querbinden, welche letztere vollständige Ringe um den Körper bilden, am Rücken viel breiter sind, und sich am Bauche nicht auf eine regelmässige Weise zu einer Längsbinde vereinen.

7. Fundort: Das einzige Exemplar des Pariser Museums stammt von Java.

8. Maasse: Das Pariser Exemplar ist 50 Centimeter lang.

B. Untergattung: *Pelamis* Daud.

Schuppen sechsseitig, stets mit deutlicher hinterer Kante, daher nie in die rhombische Form übergehend, an Rücken und Hals durch Abstumpfung der ausspringenden Seitenwinkel die Gestalt von Rechtecken annehmend.

12. Art. *Hydrophis (Pelamis) bicolor* Daud.

Synonymie: *Nixboa Quanquecolla seu serpens rara Mexicana cauda lata* Seba Thesaur. Tom. II, Tab. 77, Fig. 2. — *Serpent à queue plate, à dos brun* Vosmaer Monograph. in 4°, Pl. III, Fig. 1. — *Anguis platurus* Linné Gmel. System. Natur. Pag. 1122. — * *Nalla Wahlagillee Pam* Russel l. l. I, Taf. 41[1]. — * *Hydrus bicolor* Schneider Histor. Amphib. Fasc. I, Pag. 242; Schneider berichtet hier nach einer Mittheilung Forster's, dass diese Schlange in Otahaiti von den Eingeborenen gegessen und *Etóona-tóre* genannt werde. — * *Hydrophis platura* Latr. Reptil. IV, Pag. 197. — * *Pelamis bicolor* Daudin Rept. VII, Pag. 366, Tab. 89. — * *Black backed hydrus* Shaw Gener. Zool. III, Pl. 126. Dies ist eine Copie von Russel's oben citirter Abbildung I, Taf. 41. — Wohl nur durch ein Versehen citirt Duméril auch Shaw's Taf. 125, welche *Hydrus spiralis* Shaw, eine Abänderung von *H. nigrocincta*, vorstellt. — * *Hydrophis variegata* Siebold Fauna Japonica Tab. 8, welche Abbildung eine Varietät dieser Art vorstellt. — * Cuvier Règn. animal. illust. Duvernoy, Rept. Pl. 36 b., No. 1. — * *Hydrus bicolor* Cantor Catal. of Malayan Rept. Pag. 135. — * *Hydrophis pelamis* Schlegel Essai II, Pag. 508, Tab. 18, Fig. 13—15. — * Duméril Erpétologie générale VII, 2, Pag. 1356[2].

---

1) Duméril citirt auch Russel's *Shiddil* l. l. II, Taf. 12, deren Färbung allerdings entfernt an diejenige unserer *Varietas alternans* erinnert. Jedoch sowohl die grossen Schuppen der Abbildung als auch die beigegebene Beschreibung, aus der wir bei *Hydr. anomala* einen Auszug gaben, widerspricht der Annahme einer Identität mit *H. pelamis* auf das Bestimmteste.

2) Mit Unrecht citirt Duméril unter den Synonymen dieser Art auch *Hydrophis Schlegelii* Schmidt, die vielmehr als gute Art oben beschrieben wurde.

1. Allgemeine Körperform: Robust, mässig zusammengedrückt. Die grösste Höhe liegt in der Mitte der Körperlänge und verhält sich zum Querdurchmesser daselbst nahe = 2 : 1. Neigung zu spiraliger Eindrehung mässig; Rückenkante abgerundet, Bauchkante mässig scharf. Kopf platt, lang (Interorbitalraum zum Kopfschilderraum = 1 : 2⅓). Augen gross, dreimal im Interorbitalraum enthalten, mit ovaler Pupille. Schnautze lang, platt, nicht vorragend. Mund tief gespalten. Schwanz vom Grunde an allmählich platt werdend.

2. Kopfschilder weich, zu Theilungen und zur Bildung accessorischer Schilder geneigt. Rostralschild (meist) nicht höher als breit. Vordere Kante der Nasalschilder ½ bis ⅓ von der hinteren. Zweites Oberlippenschild an das Praefrontalschild stossend (bei dem Exemplare β des hamburg. Museums ward jedoch ein accessorisches Frenalschild beobachtet). Drittes Oberlippenschild nicht mit dem Auge in Berührung. Sechstes Oberlippenschild nicht an das Parietalschild stossend. Kinnschild ein gleichschenkliges Dreieck, hinter welchem das erste Paar Unterlippenschilder an der Kehlfurche zusammenstösst; letztere undeutlich, keine symmetrische Kehlfurchenschilder.

3. Schuppen klein (mehr als 45 Längsreihen am höchsten Theil des Körpers), sechseckig, am Rücken durch Abstumpfung der ausspringenden Seitenwinkel rechteckig, hier in graden Längslinien geordnet, breiter als lang; an den Seiten und am Bauch entweder je mit einem Längstuberkel, welcher dann aus zwei hinter einander liegenden Theilen besteht, oder (wie auf dem Rücken beständig) ohne Tuberkeln, dann aber mit den sie ersetzenden Vertiefungen.

4. Bauchschilder: Keine eigentliche Bauchschilder. Die zwei mittelsten Bauchschuppenreihen sind vom zweiten Viertheil des Körpers an kleiner als die übrigen, haben einen inneren graden Rand, und stehen neben einander in gleicher Höhe, welche Stellung entweder bis zum After beibehalten, oder streckenweise unterbrochen wird. Jede Schuppe dieser zwei Mittelreihen zeigt das erst beschriebene charakteristische, aus zwei Theilen bestehende Tuberkel der benachbarten Bauch- und Seitenschuppen.

5. Zähne: Hinter dem Giftzahn, der verhältnissmässig schwächer ist als bei den übrigen Arten (nur 1½ mal so stark als die dahinter stehenden soliden Zähne), stehen acht kleinere solide Oberkieferzähne.

6. Farbe: Bei denjenigen Exemplaren, die als wirkliche Repräsentanten dieser Art selbst (*Pelamis bicolor* Daud.) zu betrachten sind, ist die Oberseite des Kopfes und des ganzen Rückens schwarzbraun bis auf ¼ der Seiten herab, wo sich diese Farbe in einer scharfen Linie (nach Russel's Abbildung in einer schmalen grünen Längsbinde) von der hellen Farbe des Bauches absetzt. Diese, an Weingeistexemplaren hellbraun, ist an den von der Epidermis entblössten

Stellen schön ockergelb oder, im verblichenen Zustande, matt weiss. Lippensaum und Unterseite des Kopfes wie der Bauch. Schwanz aus beiden Grundfarben mehr oder weniger regelmässig gebändert oder gefleckt.

Ausser dieser Färbung, die den meisten Exemplaren zukommt, werden folgende Hauptvarietäten beobachtet:

a) Varietas alternans M. (variegata Dum.). Von dieser schönen Schlange, die ich mit Schlegel und Duméril wegen Mangels ausreichender Artunterschiede nur für eine Varietät von *Hydrophis pelamis bicolor* halten kann, erhielt das hamburgische Museum zwei Exemplare durch die Güte des Herrn Professor Stannius in Rostock. Die völlige Uebereinstimmung beider Exemplare in folgenden Punkten zwingt uns, dieselbe für eine constante Varietät, nicht für eine zufällige Abänderung zu halten: Der Körper ist stärker zusammengedrückt, als bei *Hydrophis (Pelamis) bicolor* Daud., der Rücken sehr scharf gekielt, die Rückenkante nur von Einer Schuppenreihe gedeckt. Die Grundfarbe des Körpers war, als unser Museum diese Schlangen erhielt, ein schönes Ockergelb, das aber nach längerem Aufenthalt im Weingeist zu einem matten Strohgelb verblichen ist. Der Rücken ist in gleichen Abständen durch 38 rhombenförmige, schwarze Flecken getheilt, deren Quer-Durchmesser drei bis vier Mal ihren Längs-Durchmesser übertrifft, und deren Spitzen bis auf die Mitte der Seiten herabreichen. An den vier oder fünf ersten dieser Flecken ist deren dreieckige Hälfte der einen Seite gegen diejenige der anderen so verschoben, dass eine gewundene Zickzackbinde entsteht, deren Zacken weit auf die Seiten herabreichen. Der Bauch hat abwechselnde längere und kürzere schmale schwarze Querbinden, zusammen doppelt so viel, als die Rhombenflecke des Rückens. Die längeren reichen bis zur Mitte der Seiten herauf, so dass ihre Spitzen in die Mitte zwischen die Seitenspitzen der Rückenflecke fallen; die schmalen reichen nur um wenige Schuppenreiben an den Seiten herauf, und stehen den Rhombenflecken des Rückens gegenüber. — Die Oberseite des Kopfes ist aus beiden Grundfarben unregelmässig marmorirt; beiden Exemplaren ist gemeinsam eine schwarze vom Mundwinkel durch das Auge bis zum Nasenloch gehende Binde.

Von dieser Färbung zeigt das grössere Exemplar folgende unbedeutende Abweichungen: die Rhombenflecke haben in ihrer Mitte auf dem Rücken wieder einen Flecken von der hellen Grundfarbe des Körpers; am ganzen zweiten Drittheil der Körperlänge steht über den Spitzen jeder längeren und kürzeren Bauchquerbinde ein einzelner kreisrunder schwarzer Fleck.

Identisch mit dieser Varietät ist die von Schlegel abgebildete (*Sieboldt Fauna Japonica Tab. 8) *Varietas variegata* Duméril. Auf dieser Abbildung ist der Oberkörper durch unregelmässige Querbinden getheilt; die zwischen deren Spitzen vom Bauche heraufsteigenden schmalen Bauchbinden zeigen ebenfalls nicht die Regelmässigkeit wie an unseren beiden Exemplaren. Da nun diese Störung des regelmässigen Alternirens von Rücken- und Bauchbinden auf einer individuellen Abweichung zu beruhen scheint, so wird der Name *variegata* für diese Varietät aufzugeben sein.

b) Varietas sinuata Dum. Nach Duméril's Beschreibung ist „die Grundfarbe schmutzig gelb; „der Rücken bei einigen durch viele braune, mit ihren Spitzen bis auf die Seiten herabreichende Rhomben-„flecke getheilt, die Seiten unregelmässig schwarz gefleckt. Bei anderen finden sich zwei einfache dunkle „Linien längs des Rückens, welche zwischen sich in der Mitte eine weisse oder gelbe unregelmässige „Längsbinde frei lassen. Schwanz beiderseits mit symmetrischen schwarzen Flecken". — Unser Museum besitzt ein Exemplar, das wahrscheinlich zu dieser *Varietas sinuata* Dum. gehört, und in seiner Färbung genau die Mitte hält zwischen der eigentlichen Art (*Pelamis bicolor* Daud.) und unserer *Var. alternans*. Die vordere Hälfte zeigt die Färbung der ersteren, mit der einzigen Abweichung, dass die dunkle Färbung des Rückens eine die vier mittelsten Schuppenreihen einnehmende gelbe Längsbinde enthält, und dass die Grundfarbe des Bauches einige unregelmässige dunkle Flecken zeigt. Von der Mitte des Körpers an tritt aber vollkommen die Färbung unserer *Varietas alternans* (mit abwechselnden Rücken- und Bauch-Querflecken) ein. Man könnte versucht sein, dies Exemplar als aus einer Kreuzung der *Varietas alternans* und der ächten *Pelamis bicolor* Daud. entstanden zu betrachten. — Gerade dies Exemplar scheint übrigens den Beweis zu liefern, dass unsere *Varietas alternans*, die wir anfangs nicht nur wegen der bei beiden Exemplaren übereinstimmenden regelmässigen Färbung sondern auch wegen des scharf gekielten Rückens für eine besondere Art zu halten geneigt waren, nur als eine ständige Varietät zu betrachten ist.

7. Fundort: Die Küsten des indischen Meeres. Mehre Exemplare des berliner Museums tragen die Etikette: Westküste Mexikos.

8. Maasse: Die Exemplare α, β, γ gehören der Art *Hydrophis (Pelamis) bicolor (Pelamis bicolor* Daud.) selbst an; δ ist unser oben beschriebenes Exemplar der *Varietas sinuata* Dum.; ε ist das kleinere unserer beiden Exemplare der *Varietas alternans*.

	Totallänge.	Schwanz.	Grösste Höhe.	Dicke.	Höhe am Halse.	Höhe des Schwanzes.	Dicke des Schwanzes an der Wurzel.	Dicke des Schwanzes in der Mitte.	Kopfschilderraum.	Inter-orbital-raum.	Längsreihen von Schuppen.
α	0,591	0,063	0,033	0,017	0,015	0,014	0,007	0,004	0,028	0,011	57
β	0,469	0,052	0,035	0,018	0,015	0,014	0,008	0,004	0,028	0,012	73
γ	0,514	0,056	0,028	0,014	0,012	0,012	0,007	0,004	0,023	0,010	47
δ	0,451	0,055	0,024	0,012	0,010	0,012	0,006	0,004	0,021	0,009	49
ε	0,543	0,062	0,025	0,010	0,014	0,012	0,006	0,003	0,023	0,011	—

Anmerkung. Nach unserer Specialbeschreibung dürfte es kaum nöthig sein, uns noch über die Nothwendigkeit auszulassen, das Genus *Pelamis* Daud. wieder mit der Gattung *Hydrophis* zu vereinigen. Alle Merkmale, die sie von den Arten der letzteren unterscheiden, haben nur den Werth von Artcharakteren und finden sich einzeln auch bei jenen wieder. Der langgestreckte, platte Kopf wird Niemandem als generische Verschiedenheit erscheinen, der z. B. die Kopfform von *Hydrophis schistosa* mit der von *H. microcephala*, oder diejenige von *H. Schlegelii* mit der von *H. pelamidoides* vergleicht. Die Kopfschilder geben ebenfalls keinen generischen Unterschied. Wie bei den übrigen Hydrophis-Arten ist ferner der Lippenrand ein-, der Mundwinkel heraufgezogen. — Die Schuppen sind keineswegs glatt, wie sämmtliche bisherige Autoren mit Ausnahme von Cantor angeben, und namentlich Duméril in seiner Gattungsdiagnose hervorhebt, sondern an Seiten und Bauch mit den oben geschilderten doppelten Tuberkeln versehen, die auch der *Hydrophis microcephala* und *Hydrophis pachycercus* zukommen. — Den Mangel der Bauchschilder und die Stellung der Rückenschuppen haben wir höchstens zur Aufstellung einer Untergattung benutzen zu dürfen geglaubt; theils weil auch bei anderen Arten oft eine Zertheilung der Bauchschilder in ihre Elemente beobachtet wird, theils weil die beiden folgenden Arten, denen diese Charaktere ebenfalls zukommen, zu sehr mit den übrigen *Hydrophis*-Arten übereinstimmen, um für Mitglieder einer besonderen Gattung gelten zu können.

Was speciell die Gattungsdiagnose Duméril's betrifft, so ist diese, wie bei dieser Familie fast alle übrigen desselben Autors, theils fehlerhaft *(ventre sans tubercules; — — écailles lisses toutes semblables entre elles)*, theils ein Gemisch von Art- und Familien-Charakteren *(narines supères, perçées dans une seule plaque, corps très comprimé etc.)*.

---

13. Art. *Hydrophis (Pelamis) pelamidoides* Schlegel.

Synonymie: * *Hydrus maior* Shaw Gener. Zool. III, P. II, Pag. 558, Pl. 124. Die Identität dieser allerdings sehr mangelhaften Abbildung mit der in Rede stehenden Art ergiebt sich aus der beigegebenen Beschreibung Shaw's. — * Schlegel Essai II, Pag. 512, Taf. 18, Fig. 16 u. 17. — * *Lapemis Hardwickii* Gray Illustrat. of Indian Zoology Vol. II. — * Siebold Fauna Japonica Ophidii Pag. 91, Tab. 9. An dieser übrigens vortrefflichen Abbildung vermisst man die auf Gray's Figur hervorgehobene Abstumpfung der Seitenkanten an den Rückenschuppen. — * *Hydrus pelamidoides* Cantor Catal. of Reptiles etc. Pag. 132. — * *Hydrophis pelamidoides* Duméril Erpétolog. générale VII, 2, Pag. 1345.

1. **Allgemeine Körperform**: Robust, erstes Drittheil nicht viel schmächtiger als der übrige Körper. **Die grösste Höhe liegt in der Mitte** der Körperlänge und verhält sich zur Breite daselbst = 2 : 1. Mässige Neigung zu spiraliger Eindrehung. **Rücken und Bauch abgerundet**, ohne scharfe Kante. Kopf kurz (Interorbitalraum zum Kopfschilderraum = 1 : 2), seitlich abgerundet; **Schnautze stumpf, nicht abgeplattet**, wenig vorragend. Nur der Rand **der Unterlippe eingezogen**. Schwanz vom Grunde an allmählich platt werdend.

2. **Kopfschilder** weich, oft porös, zu Theilungen und zur Bildung accessorischer Schildchen geneigt. Rostralschild nicht höher als breit, unten mit drei **Vorsprüngen, von denen der mittlere nur wenig grösser, als die seitlichen**. Vordere Kante der Nasalschilder nur ½ so lang, als die hintere. **Ein Vorder-, ein Hinter-Augenschild**. Zweites Oberlippenschild (meist) mit dem Praefrontalschilde in Berührung[1]); nur das dritte und vierte Oberlippenschild stossen an das Auge; sechstes Oberlippenschild mit dem Parietalschilde nicht in Berührung. Kinnschild dreieckig, gleichschenklig; erstes Paar Unterlippenschilder hinter demselben an der Kehlfurche zusammenstossend. Letztere **höchstens von Einem Paar kleiner, unsymmetrischer Kehlfurchenschilder begrenzt**.

3. **Schuppen** gross (weniger als 40 Längsreihen am höchsten Theil des Körpers), **am Bauch mehr als doppelt so gross, als am Rücken; sechseckig, am Rücken mit sehr abgestumpften Seitenwinkeln, wodurch sie hier die Form von Rechtecken** annehmen, welche in graden Längslinien geordnet und **länger als breit sind**; entweder mit Tuberkeln, welche dann immer einfach sind, und am Bauch bisweilen die Gestalt wirklicher, nach hinten gerichteter Stacheln annehmen[2]), oder ohne dieselben, dann aber mit den denselben entsprechenden Vertiefungen.

4. **Bauchschilder** am undeutlichsten und unregelmässigsten von allen Arten. **Nur auf ganz kurze Strecken** und nicht bei allen Individuen stellen sich die Schuppen der zwei mittelsten Bauchreihen auf gleiche Höhe oder verschmelzen gar hin und wieder zu kleinen Bauchschildchen, welche dann je zwei Tuberkeln zeigen. In der Regel findet sich in der Mitte des Bauches zwischen zwei gleich hochgestellten Schuppenreihen **eine dritte von kleineren, unregelmässigen Schuppen eingeschaltet**, welche letzteren sich dann zwischen die hinteren und die vorderen Winkel jener legen.

---

1) Unter zehn Exemplaren ward nur eines (Exempl. β des hamb. Museums) beobachtet, bei welchem Nasal- und Praeocularschild zusammenstossen und so das zweite Oberlippenschild vom Praefrontalschilde trennen.

2) Auf die Stärke dieser Tuberkeln gründet Duméril seine Varietät *Hydrophis tuberculosus*, die sich jedoch bei der grossen individuellen Verschiedenheit in diesem Merkmal nicht halten lässt.

5. **Zähne:** Hinter dem mit innerem Giftkanal und vorderer Längsfurche versehenen Giftzahn stehen **fünf** vorn gefurchte, solide Zähne[1]).

6. **Farbe:** Grundfarbe des Rückens gelblich grün, des Bauches gelblich weiss. Die Grundfarbe des Rückens verschwindet aber meist durch 40—50 **hell-olivengrüne Rhombenflecken**, welche nur selten durch sehr schmale Zwischenräume von einander getrennt bleiben, in der Regel längs des ganzen Rückens mit einander verschmelzen, so dass dieser eine olivengrüne Färbung erhält, und die gelbe Grundfarbe nur an den Seiten zwischen den Spitzen jener Rhombenflecke zu Tage tritt. Letztere reichen höchstens bis auf die Mitte der Seiten herab, und schliessen am Rumpfe alter Exemplare **nie zu vollständigen Ringen zusammen.** Kopf oben schmutzig olivengrün mit gelben Flecken auf Praefrontal-, Supraocular-Schildern und Temporalschuppen. Kehle **gelblich weiss.** Schwanz mit 3—4 olivengrünen Querringen und vor der Spitze jederseits mit einem unregelmässigen schwarzen Fleck.

7. **Fundort:** Küsten des indischen und chinesischen Meeres. Die Exemplare des hamburgischen Museums wurden auf der Rhede von Samarang (Java) gefangen.

8. **Maasse** von sieben Exemplaren des hamburgischen Museums:

	Totallänge.	Schwanz.	Grösste Höhe.	Dicke.	Höhe am Halse.	Höhe des Schwanzes.	Dicke des Schwanzes an der Wurzel.	Dicke des Schwanzes in der Mitte.	Kopfschilderraum.	Interorbitalraum.	Bauchschuppen.	Längsreihen von Schuppen.
α	0,814	0,084	0,040	0,027	0,028	0,022	0,007	0,004	0,024	0,012	182	34
β	0,706	0,074	0,035	0,020	0,018	0,020	0,007	0,004	0,024	0,012	134	28
γ	0,636	0,069	0,033	0,018	0,014	0,017	0,004	0,003	0,022	0,011	182	37
δ	0,611	0,065	0,034	0,017	0,013	0,020	0,007	0,004	0,022	0,011	153	32
ε	0,667	0,066	0,028	0,014	0,017	0,022	0,005	0,003	0,022	0,011	160	34
ζ	0,522	0,056	0,028	0,014	0,018	0,018	0,005	0,003	0,018	0,010	170	37
η	0,561	0,055	0,031	0,016	0,015	0,017	0,005	0,003	0,021	0,011	189	36

Anmerkung. Duméril tadelt Schlegel wegen des Namens *H. pelamidoides*, da die einzige Eigenthümlichkeit, in der diese Schlange mit *Pelamis bicolor* Daud. übereinstimme, nämlich die pflasterförmig gestellten sechseckigen Schuppen, fast bei allen übrigen Hydrophiden sich in derselben Weise finde. Dieser Tadel muss um so ungerechtfertigter erscheinen, als Duméril die wesentlichsten Charaktere, in denen beide Schlangen übereinstimmen, gar nicht erkannt hat. Grade der Umstand, dass die Schuppen am Rücken aus der sechseckigen Form nicht, wie bei so vielen anderen Hydrophiden, durch Zuschärfung der vorderen und hinteren Kante in die rhombische, sondern durch Abstumpfung der seitlichen Winkel in die rechteckige Form übergehen, bedingt eine auf den ersten Blick zu erfassende, charakteristische Uebereinstimmung. Nimmt man noch hinzu, dass beide Arten und unsere *Hydrophis annulata* ausser

1) Weil wir auf die Zahl der soliden Oberkieferzähne bei dieser Art im Gegensatz zu unserer *Hydrophis annulata* besonderes Gewicht legen, so sei hier nochmals bemerkt, dass hier wie überall, in der continuirlichen Reihe der soliden Oberkieferzähne auch diejenigen mitzuzählen sind, die nur lose, durch die Zahnpulpa, mit dem Kieferknochen zusammenhängen.

diesem Merkmal noch in dem gänzlichen Mangel der Bauchschilder und in dem Mangel symmetrischer, eine Kehlfurche begrenzender Kehlfurchenschilder übereinstimmen, so wird man, anstatt die Verwandtschaft dieser drei Schlangen zu läugnen, eher dahin gedrängt, die Arten *Hydrophis pelamis*, *H. pelamidoides* und *H. annulata* zu einer Untergattung *Pelamis* zusammenzufassen.

---

14. Art. *Hydrophis (Pelamis) annulata* nova species.

Synonym: *Hydrophis pelamidoides* Auct. — Trotz der grossen Verschiedenheit in der Färbung, von der ich unter einer grossen Zahl untersuchter Exemplare nie einen Uebergang zu der bei *H. pelamidoides* beschriebenen beobachtete, war ich doch lange in Zweifel, ob es gerechtfertigt sei, diese früher wohl mit letzterer Art zusammengefasste Schlange von derselben zu trennen, bis eine wiederholte Vergleichung des Zahnbaus diese Zweifel schwinden liess. Je leichter es indessen ist, sich in der Zahl dieser Zähne aus den früher angegebenen Gründen (Pag. 23) zu täuschen, um so nothwendiger ist es, hier wiederholt darauf hinzuweisen, dass auch die zum Ersatz ausgefallener Zähne bestimmten losen, dem Kieferknochen noch nicht angewachsenen Zähne mitzuzählen sind. Bei Beobachtung dieser Regel findet man bei unserer *Hydrophis annulata* beständig sechs, bei *H. pelamidoides* fünf solide Oberkieferzähne hinter dem Giftzahn.

Allgemeine Körperform, Kopfschilder, Schuppen, Bauchschilder vollkommen wie bei *Hydrophis pelamidoides*.

5. Zähne: Hinter dem durchbohrten und mit vorderer Furche versehenen Giftzahn stehen sechs kleinere solide Oberkieferzähne.

6. Farbe: Grundfarbe des Rückens gelb, der Seiten und des Bauches gelblich weiss. Diese Grundfarbe tritt deutlich in den Zwischenräumen zwischen 30—40 schwarzen, am Bauch auch bei ganz alten Exemplaren vollständig geschlossenen Ringen hervor. Diese Ringe sind nie mit einander verschmolzen, sondern in scharfen Linien von der hellen Grundfarbe abgesetzt, an den Seiten schmäler als am Rücken, und hier 3 bis 4 Mal so breit als die Zwischenräume. Am Bauch verfliessen diese Ringe zu einer von der schwarzen Kehle ausgehenden schwarzen Längsbinde. Kopf oben und unten tief schwarz, mit einer von hinten her durch die Augen gehenden, auf den Praefrontalschildern geschlossenen hufeisenförmigen gelben Binde. Schwanz schwarz, mit 5—6, nach hinten niedriger werdenden gelben Querflecken.

7. Fundort: Alle Exemplare des hamburgischen Museums stammen von der Küste von Java.

8. Maasse:

	Totallänge.	Schwanz.	Grösste Höhe.	Dicke.	Höhe am Halse.	Grösste Höhe des Schwanzes.	Dicke des Schwanzes an der Wurzel.	Dicke des Schwanzes in der Mitte.	Kopfschilderraum.	Interorbitalraum.	Bauchschuppen.	Längsreihen von Schuppen.
α	0,327	0,037	0,017	0,011	0,010	0,009	0,004	0,003	0,016	0,007	184	36
β	0,785	0,076	0,045	0,021	0,020	0,024	0,009	0,007	0,025	0,013	157	31
γ	0,411	0,047	0,022	0,014	0,011	0,012	0,005	0,003	0,015	0,008	203	37

Nachtrag.

Zu Pag. 19 und 20. Da mit den vorstehenden Seiten die dieser Schrift gesteckten Grenzen ausgefüllt sind, so beschränke ich mich hier auf eine kurze Diagnose der Pag. 19 und 20 erwähnten zwei neuen Schlangen, von denen namentlich die Gattung *Dendroëchis*, als das erste bis jetzt aufgefundene Beispiel einer Baumschlange aus der Abtheilung der Proteroglyphen, das Interesse der Herpetologen auf sich ziehen dürfte. Eine ausführliche Beschreibung derselben wird zugleich mit der Beschreibung mehrer anderer neuer Schlangen des hamburgischen Museums noch in diesem Jahre als besondere Abhandlung erscheinen.

I. *Dendroëchis reticulata* Fischer,

von der Insel St. Thomé (West-Afrika).

Gattung: *Dendroëchis* Fischer. Hinter dem Giftzahn des Oberkiefers keine kleinen soliden Zähne; Körper langgestreckt, sehr schlank, dem der Baumschlangen ähnlich; Schuppen glatt, sehr lang, die der Mittellinie des Rückens viel grösser; Schwanzschilder doppelt.

Art: *Dendroëchis reticulata* Fischer. Analschuppe getheilt; Praefrontalschilder auf das vierte Oberlippenschild stossend; Farbe grün; jede Schuppe, auch die Kopfschilder, schwarz eingefasst.

II. *Pseudoëlaps superciliosus* Fischer,

aus Neu-Holland (Sidney).

Gattung: *Pseudoëlaps* Fitzinger. Eine bis zum Mundwinkel reichende Reihe kleiner, theilweise gefurchter Zähne hinter dem Giftzahn. Die Schuppen der Mittellinie des Rückens nicht grösser als die benachbarten; Bedeckungen des Halses keiner Erweiterung fähig; Schwanzschilder sämmtlich doppelt.

Art: *Pseudoëlaps superciliosus* Fischer. Körper robust; Analschuppe getheilt; ein Praeocular-, zwei Postocular-Schilder; zweites Nasalschild dreieckig mit nach hinten an das Praeocularschild stossender Spitze; Schuppen gross, glatt, rhombisch, mit freier Spitze; Farbe einfach schmutzig-braun ohne alle Abzeichen.

Zeitfracht Medien GmbH
Ferdinand-Jühlke-Straße 7
99095 Erfurt, Deutschland
produktsicherheit@kolibri360.de